天然果酱抹酱私房小点

Jam Sauce Dessert

蓝筱仪 著

海峡出版发行集团 THE STRAITS PUBLISHING & DISTRIBUTING GROUP | 福建科学技术出版社 FUJIAN SCIENCE & TECHNOLOGY PUBLISHING HOUSE

图书在版编目（CIP）数据

天然果酱抹酱私房小点 / 蓝筱仪著 .—福州：福建科学技术出版社，2020. 1
ISBN 978-7-5335-5897-0

Ⅰ．①天… Ⅱ．①蓝… Ⅲ．①果酱 – 制作②调味酱 – 制作 Ⅳ．① TS255.43 ② TS264.2

中国版本图书馆 CIP 数据核字（2019）第 080754 号

书　　名　**天然果酱抹酱私房小点**
著　　者　蓝筱仪
出版发行　福建科学技术出版社
社　　址　福州市东水路 76 号（邮编 350001）
网　　址　www.fjstp.com
经　　销　福建新华发行（集团）有限责任公司
印　　刷　福州德安彩色印刷有限公司
开　　本　787 毫米 ×1092 毫米　1/16
印　　张　8.5
图　　文　136 码
版　　次　2020 年 1 月第 1 版
印　　次　2020 年 1 月第 1 次印刷
书　　号　ISBN 978-7-5335-5897-0
定　　价　49.80 元

作者简介

蓝筱仪 Angel

曾于两间蓝带学校研习，于法国里昂的保罗·博库司厨艺学校进修，专修法式料理、甜点以及面包课程。
曾任职于台湾北部数间餐厅、点心房，休假时间兼职厨艺教学，现为专职甜点料理讲师。除了教学，也会不定期参与有趣的料理工作。
教学的理念是：希望用浅显易懂的方式，让大家觉得做料理是一件简单快乐的事。坚持用食物的原味，乘上各种不同的料理方法，带给大家更丰富的跨文化美味。

❇学 历

保罗·博库司厨艺学校：进阶烹饪与烘焙课程，2016
泰国蓝带学校
悉尼蓝带学校

❇经 历

/桃园安芙手作料理教室、台北Funcooking疯食课
/桃园富春手作料理私厨、高雄乐料理，及其他教室授课

脸书粉丝专页：爱吃、爱笑的煮厨Angel

前言

从小，我就展现对吃的执着。因为爱吃，所以开始动手做。小学六年级有了第一台烤箱以后，零用钱都被我拿去买食谱、烘焙食材还有零食了。在网络和电视节目还没有那么发达的时候，食谱书就是我的老师，我会先照着原有的配方制作，之后再进一步地去做调整和变化，改写成更符合自己口味的配方。

假日做甜点、料理的兴趣一直维持着，于是，我产生了把这份兴趣当成职业的想法。大学毕业后，因为我希望有系统地学习法式甜点、料理，所以选择了国外的厨艺学校就读。在雪梨课程结束后，我回台工作了一年多，让自己对台湾的餐饮环境有更多的认识，最后在曼谷完成高级班课程以及面包专修课程。

很幸运地，我遇到了贵人让我走出不同的路。在餐厅休假的时间，我开始了甜点料理教学课程。每次上课，同学们都认真地一起煮饭、做甜点；烘焙的时候，整个教室都充满香甜的味道；在课程中吃到美味的甜点时，大家的表情都是幸福洋溢的。带着这样的能量回去再将所学分享给自己的家人、朋友，能借由教学和大家传达“为所爱之人做菜”的这份心，以及我对食物的热情，我真的衷心感谢。

能够出版自己的第一本食谱书，真的要谢谢很多人。感谢父母对我的支持，让我能开心地朝自己的兴趣发展。谢谢职场上碰到的内外场同事，工作上的磨练让我成长很多。谢谢曼谷法国蓝带分校的甜点主厨Marc Champire，成为他的助手跟着他学习的日子，也对我教学工作有非常大的帮助。谢谢你知我知好学网的Tony、Susan、Terry，还有Funcooking料理教室们可爱的小助手。谢谢膳书房出版社的社长、编辑们以及摄影师，因为有他们的努力，读者们才有精彩丰富的食谱书能阅读。

就如我教学的理念，希望能让大家觉得烘焙、料理是一件简单又快乐的事。所以本书的食谱设计，都是简单好操作的，不需要非常专业的厨房，只要一些基本的器具就能轻松完成。也希望健康无添加的美味甜点、料理能增添大家动手下厨的动力。

藍筱儀 Ayll

目录

第1章

果酱篇

第2章

抹酱篇

美味提案

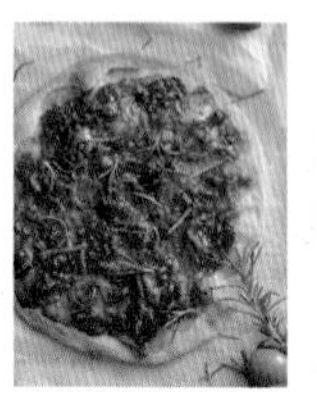

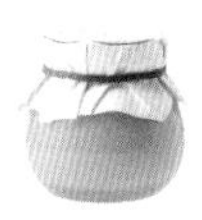

美味关系 从果酱抹酱开始

你是否常用果酱抹酱搭配早餐的吐司面包，作为一天的开始？
如今，果酱抹酱的用途可不只这样，
当作点心搭配或是做成饮品、轻食也十分受青睐。

通过长时间糖渍、短时间熬煮的做法，让水果的迷人风味完整保存的法式手工果酱，以黄油、奶油奶酪等为基底，调制出的各种美味抹酱，都不需耗时费心制作。通过简单的学习过程，您就能享受自由自在的手作过程，并很快拥有成果。

手工制酱没有任何的添加物，酸甜可以随喜好调整，很符合现代人强调健康又喜欢好口味的个性。

书中提供31款风味果酱抹酱，都以分步图仔细示范。种类包括单一食材制作成的原味酱，两种材料搭配而成的复合酱，以及加入香料、调味料等不同元素变化的风味酱。

再教读者应用果酱抹酱的简单烘焙，蛋糕、塔派、面包、贝果、司康、饼干、烤饼、法式薄饼……使用各种酱拌入、抹上、蘸配或者夹陷，让您从此不再只会把酱拿来抹面包！

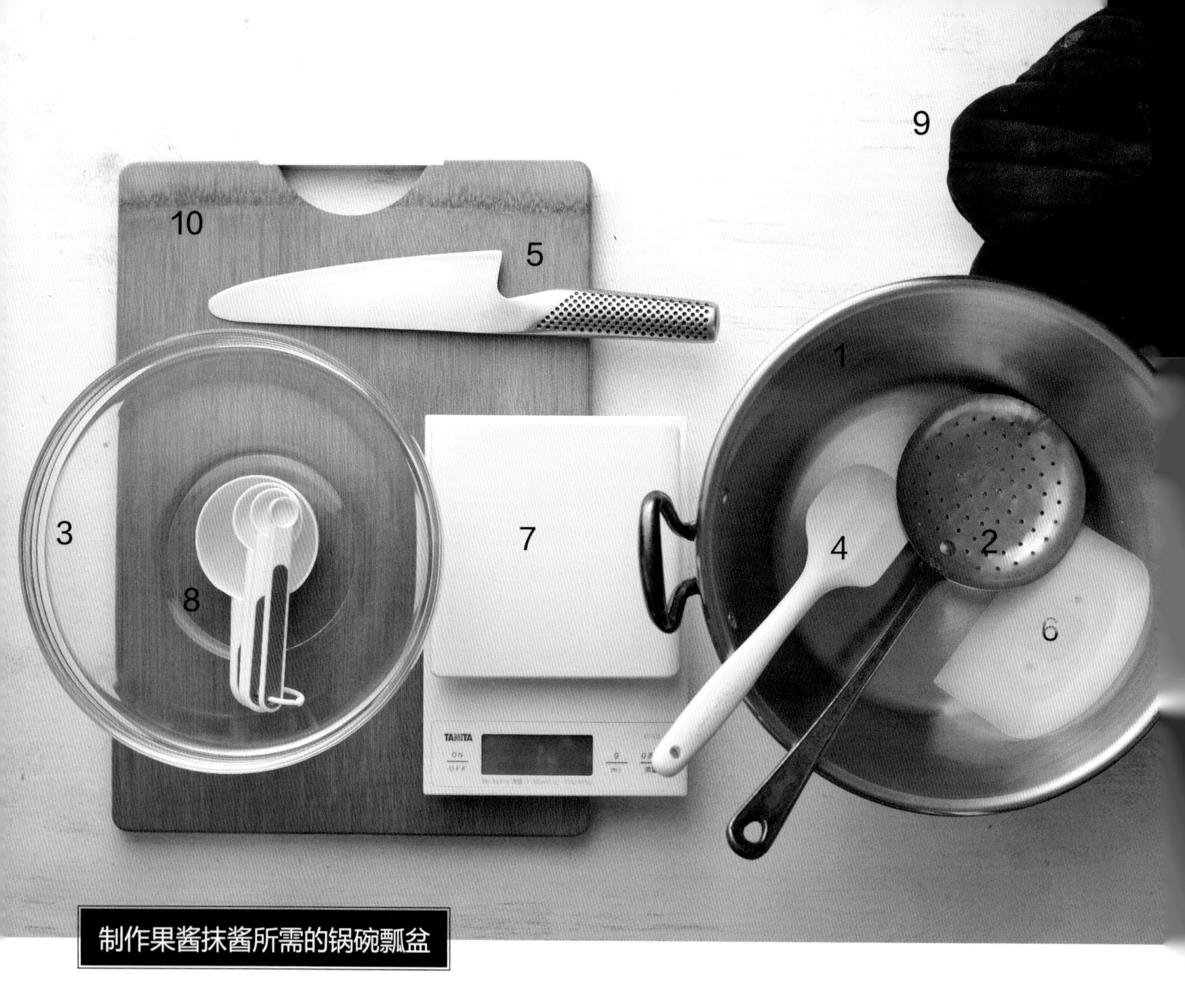

制作果酱抹酱所需的锅碗瓢盆

1…铜锅

在法式果酱中，铜锅是不可或缺的必要器具，铜锅导热均匀且快速，适合用来煮果酱或糖浆，锅中的糖不易结晶。若是没有铜锅，可使用带柄不锈钢深锅熬煮果酱，且一定要使用不锈钢材质的才能耐果酸，若使用铁锅、铝锅等不耐酸锅具，会使果酱发黑。

2…漏勺

用于捞除熬煮果酱时产生的泡沫，也可以用来滤除杂质。图中为铜制漏勺，也可使用不锈钢漏勺。

3…料理盆

用于搅拌、盛装材料，最好选圆底的，避免造成材料的浪费或妨碍拌合，不妨多准备几个。

4…橡皮刮刀

经常用来拌匀材料或搅拌面糊，可以将沾留于容器内的材料轻松刮除。刮刀有分耐热和不耐热的两种，熬煮果酱或是抹酱的时候请务必使用耐热橡皮刮刀。

5…水果刀

用来切水果、削皮的基本工具，尤其切一些坚硬水果时，绝对少不了它。

6…刮板

用来搅拌、抹平材料，或将黏稠的材料自容器中刮下。

7…电子秤

有传统磅秤与电子秤两种，多用于称取分量较多的固体材料。建议购买可归零的电子秤，不仅可以精准称量1~2g的小分量，也可避免传统秤弹簧弹性疲乏或是无法小单位称量的缺点。

8…量勺

用来测量小分量的液体或粉状材料，注意要以“平匙”的分量为准。

9…棉质手套

拌煮水果、将果酱装瓶时使用，可防止双手被滚烫的果酱烫伤。

10…砧板

切蔬菜、水果、坚果等食材时垫在桌上的木板或是塑料板。为避免食物交叉污染，记得准备两组砧板，生、熟食分开使用。

11…裱花袋与花嘴

裱花袋是装饰或画制图形时不可缺少的工具，加上不同开口的花嘴，可以变化出多样化的纹饰。市售裱花袋有可重复使用及一次性的两种。较硬的面糊建议使用可重复使用的裱花袋以免挤出时从接口爆开，如果家里没有裱花袋，可以利用烘焙纸、三明治袋等油纸自制，来进行简易的拉线或填充面糊。

12…打蛋器

最常用的搅拌器具，用来打发或拌匀少量材料，有大小不同的尺寸，以钢圈条数多的较省力。

13…筛网

制作甜点不可或缺的工具。大的粗孔筛网用于过筛粉类、糖类材料，也可用于过滤酱料。小的细孔筛网则是用在过筛小量装饰用可可粉以及糖粉。

14…磨皮器／刨刀

专用于柑橘类水果皮刮取的工具，可轻松磨下水果表层皮屑。

15…料理棒

能够快速打碎、拌匀材料，特别适合做果酱。

16…标签贴纸

果酱、抹酱完成后，使用标签贴纸用以标示果酱、抹酱口味及制作日期。

17…玻璃瓶罐

用来装盛做好的果酱、抹酱。一定要选玻璃材质、可以密封的瓶罐。在五金行、食品材料行、超市等都可以买到。

18…电动搅拌机

手持式电动打蛋器，一般有五段速可调整，可快速打发淡奶油、蛋白霜。

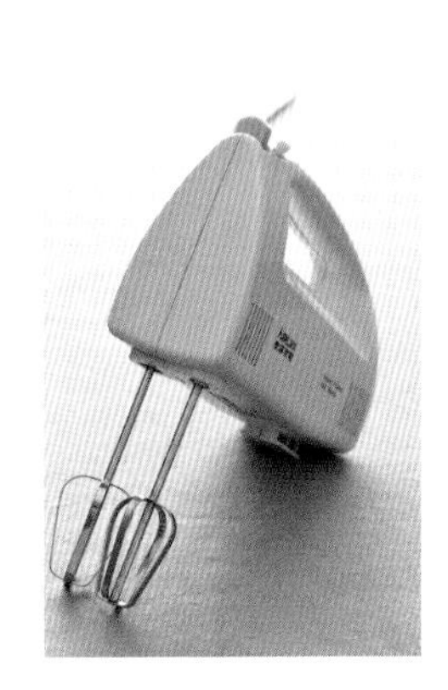

制作果酱的主要材料

在法国，果酱的分类非常详细，欧美各国对水果保存（Fruit preserves）也各自有不同的定义。简单来说，果酱（Confiture）是从单词“渍”（confire）衍生而来的，意指糖渍过的产品。

1… 新鲜水果

水果的新鲜与否是决定一瓶果酱是否好吃最直接的因素。制作果酱时，要挑约八九分熟，新鲜、干净的水果，因为此时水果的风味与甜度几乎达到高峰，色泽也相当鲜艳。若用过熟的水果制作果酱，口感会较为烂糊。

水果的种类繁多，什么样的水果适合做果酱？本身果胶含量较高的柑橘类、苹果、柠檬、杏桃、莓果等，这类水果即使不加任何凝结物，久煮后也会变浓稠，用来做果酱最适合。

但可不要以为什么水果都可以拿来作果酱，有些水果所含的水分过多、纤维却过少（例如瓜果类），或是质地过硬（如芭乐），就不适合用来做果酱。

挑选新鲜、漂亮、香气浓郁而且是当季盛产的水果。水果买回后，若还未熟，可放置一两天等待成熟后再制作。对于一些特殊的进口水果，或是当季没有的水果，可以使用优质的冷冻水果来制作果酱。

2… 柠檬汁

果酱中柠檬汁的主要作用在于平衡果酱的甜度、增添水果风味，更重要的是能使果酱凝结，以及防止果酱中的糖分在熬煮过程中重新结晶。

水果中的果胶、糖、酸结合，形成果酱的浓稠质地。但有的水果中，果胶或酸的含量不足，这时候就需要加入适量柠檬汁来补充。

进口的黄柠檬，香气足、酸味低；绿柠檬则是酸度较为强烈。本书配方中若没有特别备注加绿、黄柠檬汁的话，可随个人喜好选择使用。

3… 糖类

果酱中放糖的主要目的，一是利用砂糖充分渗入果肉中释放水分，使水果中含有的果胶和有机酸产生凝胶作用，二是防腐保存，糖加得越多，果酱就越不容易坏。

传统的法式果酱，水果与糖的比例约为1：1，但过多的糖容易造成身体负担，原则上糖的添加不能超过果重量的一半，这也是大多数人可以接受的甜度范围，超过了就会觉得太甜腻。

制作果酱一般选用白砂糖。如果希望制作更健康的果酱，可以改用有机蔗糖、冰糖、蜂蜜等。

本书使用两种糖：结晶冰糖、有机蔗糖，也可使用常见的细砂糖、特级砂糖。

蔗糖的原料主要是甘蔗或甜菜。以甘蔗为例，首先将甘蔗用机器压碎数次，收集甘蔗液。由于压出的甘蔗液含有泥沙等杂质，所以须使用石灰法进行过滤、除去杂质。最后将处理过的糖汁煮沸，去除杂质、浮泡，然后待糖浆结晶成为蔗糖。

以蔗糖为主要成分的食用糖的纯度：结晶冰糖为99.9%，而细砂糖为99.5%。结晶冰糖是以细砂糖为原料，加水溶解后再结晶制成。糖粒由小到大排列分别为精致细砂、精致特砂、结晶冰糖。

有机蔗糖，无一般白砂糖的脱色工序，使用的甘蔗也须遵循有机农业的规范。用它做出来的果酱不死甜，也较为健康；缺点是糖的颜色偏深，制作淡色的果酱，颜色也会偏黄。

4… 香料

在果酱中，适当地添加香料能让单调的口味产生令人耳目一新的变化。添加适量蜂蜜，能让果酱拥有不同的甜味；玫瑰水则让果酱一开瓶就充满芬芳的玫瑰香气……

果酱的配方基本上是通用的，利用食材和香料的交互搭配，便能创造出更多迷人风味的果酱。

制作抹酱的主要材料

抹酱，通常使用黄油、奶油奶酪等乳制品或植物油当作基底，再加以调味，变成各式各样不同用途的抹酱。

1…黄油

提炼自牛奶的固体油脂，是制作西点时必不可少的主材料，保有天然香浓的奶香味。口味上有含盐和无盐两种，西点制作大部分使用无盐黄油。依制程又分发酵和无发酵两种，建议选择发酵黄油，口感风味较佳。使用前必须先放置室温让其软化。以黄油调制成的抹酱，质感浓醇，适合搭配较硬质的面包。

2…动物淡奶油

由鲜奶中提取出来的乳脂肪经浓缩而成，可以增添西点的风味并具有发泡的特性，可以做一些面包的蘸酱或是抹酱。

3…牛奶

日常生活中最常见的乳制品，有浓郁的乳脂香和柔滑的口感，常和淡奶油搭配制作抹酱，能呈现调和之美。

4…奶油奶酪

未经熟成的新鲜奶酪，带有特殊的酸味，口感顺滑，且乳香味温和，适合制作许多甜点及料理。除制作奶酪蛋糕外，也适合当作抹酱搭配贝果、吐司或饼干。

5…酸奶

由牛奶经乳酸菌发酵而成，具有独特的酸味，可为抹酱增添风味。另外，市售的沙拉酱（美乃滋）热量偏高，酸奶可以用来取代市售沙拉酱，不仅口感相似，热量也能大大的减少。

6…美乃滋

由色拉油、醋、蛋黄、砂糖等材料打制而成，口感浓稠带着淡淡香气，适合再加其他的食材调味，丰富口感。以美乃滋调制而成的抹酱，很适合当作生菜沙拉的淋酱。

7…橄榄油

含有丰富的不饱和脂肪酸与橄榄多酚，且油质稳定，对健康十分有益。常用作咸味抹酱的基底食材，做好的抹酱可以用来抹面包或是清炒意大利面。另外，请选择冷压初榨橄榄油。

8…植物油

常见植物油有葡萄籽油、玄米油、葵花油。植物油中富含不饱和脂肪酸，用其取代黄油对健康有益，图

中的玄米油，含丰富的糙米营养精华，是理想的食用油。

9… 酸奶油

由淡奶油和乳酸菌发酵而成的奶制品。淡奶油在发酵的过程中会产生酸味，质地也会变浓稠。酸奶油除了常用于制作芝士蛋糕，也常被制成不同的抹酱搭配塔可、烤马铃薯等菜肴。

10… 帕玛森奶酪

帕玛森奶酪被奶酪爱好者称为“奶酪之王”。此款奶酪为硬质奶酪，正式名称是帕米吉阿诺（Parmigiano Reggiano）。此款奶酪只在意大利限定产区出产，当地产区的奶牛只能用当地饲料喂养，并且奶酪必须遵循古法制作才能被贴上原产地保护认证（DOP）标签。此款奶酪除了是意大利经典的开胃奶酪，也大量使用于炖饭、意大利面、浓汤等，也可搭配甜点来食用。

11… 香料、香草

用于调味的植物性烹调材料的统称。常见的有胡椒、丁香、肉豆蔻、肉桂、迷迭香、百里香等，具有令人愉快的芳香气味，主要用于为食物增加香气。

12… 调味料

抹酱中使用调味料的主要目的是增加食物滋味、口感，提升食物的保存性等。本书中抹酱常用的调味料有糖、盐、辣椒粉。

13… 蔬果

牛油果抹酱、莎莎酱、洋葱抹酱，都是以新鲜材料为基底，组合调配出的独特风味的抹酱，口感和一般滑顺的抹酱不同，滋味丰富。

14… 坚果

坚果除了单吃，还可以添加在抹酱上，不仅营养价值高，可增添风味和咀嚼感，还可以使甜点不会太甜腻。松子、腰果、核桃、胡桃、夏威夷果等都可以试试加入，但不管加入哪一种，最好用生的、无调味的。有些加盐的坚果还附带着其他调味料，不适合添加在抹酱里。

15… 其他

如蛋、伯爵茶包、巧克力等，具有各自独特的香气与滋味，是许多西点中最迷人的配角。

果酱的基本制程与重点

果酱为整颗或切块水果，加入糖、柠檬汁煮沸后的水果制品。制作过程中必须经过长时间的熬煮，使水果中的果胶和酸产生反应，让果酱胶化成冻状的质地。

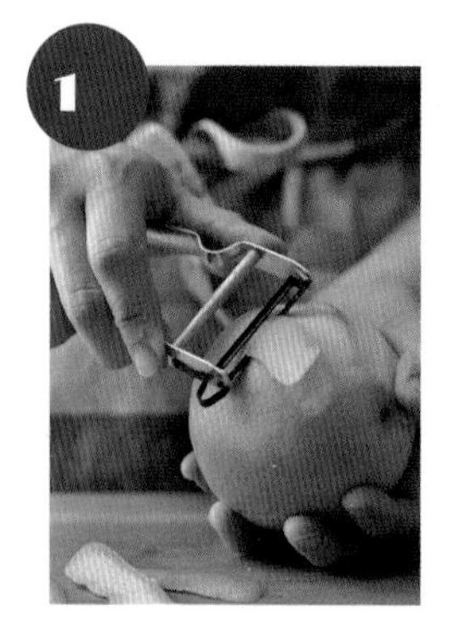

1 挑选水果

可用来制作果酱的水果种类非常丰富，包括葡萄、苹果、柚子、李子、凤梨等。购买时，记得要挑八九分熟的水果，过于生涩或熟烂的都不适合，会使果酱的品质变差。而且，最好选择无农药栽培的有机水果，因为水果要连皮一起煮，若表皮有农药残留或化学肥料，反而伤身。

2 清洗＆切块

用来制作果酱的水果都要切成小块，所以要先将水果洗净，再切碎或切成小丁，然后放入锅中熬煮。有些水果容易氧化褐变（例如苹果、香蕉），切块后最好马上制作。另外，制作柑橘类的果酱时常会将果皮一起加入，所以要先将果皮洗净、切丝，再用水煮，以去除果皮的苦味。

3 加糖

传统的法式果酱，水果与糖的比例约为1：1~1+，但对于大部分中国人来说，味道太甜，所以本书的配方都已调整降低至1：0.5。在第一次制作时，请先依照食谱指定的分量来制作，若觉得太甜，下次制作时就可以再少放一些糖；但糖的分量也不宜过少，否则就会失去制作果酱的意义而且保存期限也会缩短。

4 加酸

有些水果本身的酸度不够，可以在果酱里加入柠檬汁来调整味道。另外柠檬汁还有防止氧化、增加香气、调整果酱酸碱度的作用，能让果酱的保存期限更长。

5 放置冰箱冷藏一晚

将水果与糖充分混合，静置4小时或放入冰箱冷藏一晚，使水果水分释出，溶解砂糖并且释出果胶后再下锅熬煮能缩短熬煮的时间。

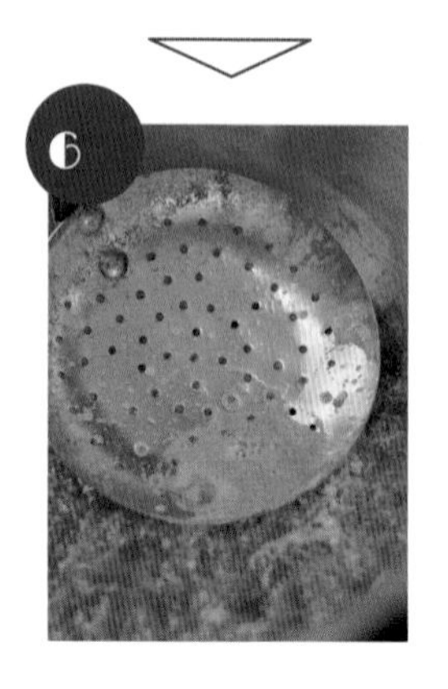

6 熬煮

熬煮果酱时，不可以停止搅拌，不然糖分容易粘锅，一不注意就会烧焦，同时要捞除熬煮时产生的泡泡与杂质，做出的果酱表面才会平滑美观。

抹酱的基本制程与重点

抹酱的制作非常简单。除了常见的油脂基底抹酱，用新鲜蔬果制成的抹酱也非常热门。制作抹酱就和做菜一样，可依照个人口味，搭配不同的主食材，变化出一道道美味料理。

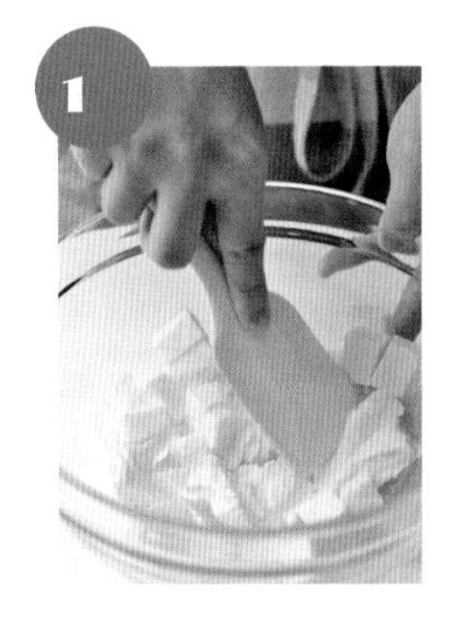

挑选油脂

抹酱是浓稠带油脂的，适合抹在面包、饼皮、饼干上当配料，也可以搭配饭或面一起料理。因此好的油脂是制作香、浓、醇抹酱最好的基础。人造黄油、植物性淡奶油含反式脂肪，不利于人体健康，建议不用。

预备工作

先把所有食材按照配方称好重量，并备齐所需的各种工具，以免手忙脚乱。制作罗勒酱、莎莎酱等蔬果酱时，清洗后一定要阴干或用纸巾把水吸干，避免成品有水汽，不耐存放。

调味料的添加

制作抹酱时，主材料的比例需按书中提供的配方添加，调味料的添加则可以依个人喜好。喜欢重口味的，可多放些海盐；喜欢香草料的，可多放些香草料；喜欢带些甜味的，加点蜂蜜进去也无妨。

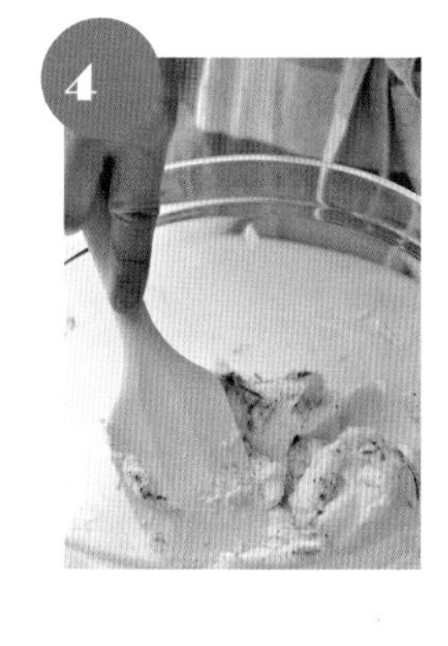

混合均匀

在混合搅拌时，锅底、边缘的地方容易残留不容易跟油脂混合的糖，请务必仔细搅拌均匀。另外，如荷兰酱中的油和蛋，用分次少量加入的方式，比较容易成功乳化，且不会油水分离。

用食物料理机

做抹酱时建议使用食物料理机，而不是蔬果汁机。因为蔬果汁机马力大，容易把所有食材搅得稀烂，吃起来没有粗细颗粒不同的口感。

保存方式

部分做好的抹酱，可装在用高温消毒过的空玻璃罐里，填充好后，再倒少许橄榄油油封，油脂可使抹酱不易变质，延长保存期。且这种没有防腐剂的自制品，要放冰箱冷藏，或者使用保鲜膜紧贴抹酱表面，彻底防止其与空气接触，也能延长保存期限。由于使用含油脂的原料制作，随着存放时间的增长，表面出油是正常现象。因为自制抹酱不含防腐剂，建议每次做的分量不要太多，存放在冰箱内，尽量在一周内食用完。

制作果酱的关键知识

制作果酱不难，只要保持愉快的心情，耐心并且仔细地观察熬煮时的变化。每次制作少量的果酱，多累积几次制作经验，一定能煮出属于自己的天然又美味的果酱。

要点1　正确的材料称取

手作果酱要成功，水果、糖和柠檬汁的比例一定要正确。使用电子秤非常方便，它能扣除容器重量后再次归零称量材料净重。制作果酱所标示的水果重量，都是指净重，所谓的“净重”是指水果去皮、去核、去籽后所得到用来熬制果酱的果肉重量。

要点2　柑橘类水果的去涩处理及取果肉方式

柑橘类水果的果皮与果膜有苦涩味，制作时要特别处理。

用削皮刀取下果皮。

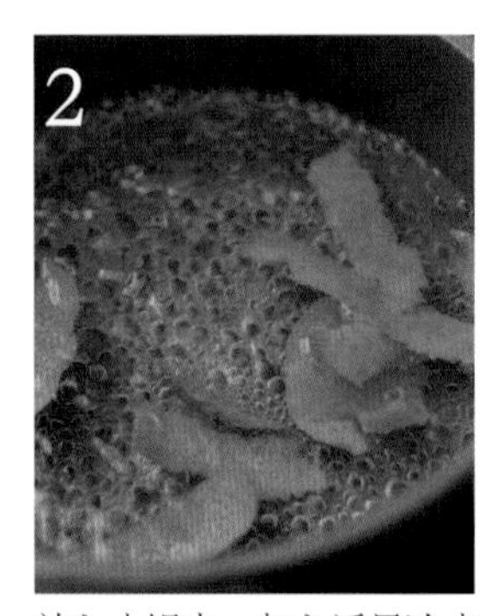

放入小锅中，加入适量冷水煮沸。

捞起果皮倒掉水，重复加水煮沸步骤3次，以去除皮的涩味。

削皮后的水果去头去尾。

沿着果皮与果肉交界处下刀，去除白色皮膜。

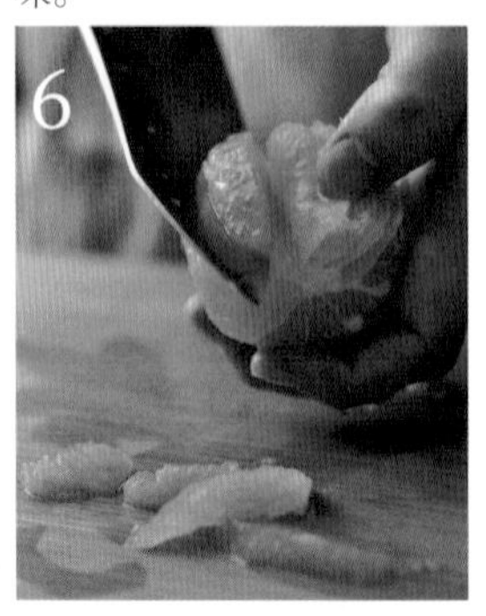

从果膜间下刀，取出果肉。

要点3 判断果酱煮好的方法

传统的果酱熬煮，会使用温度计或是糖度计测量。必须将果酱煮至105℃或是一定的糖度。但由于本书配方制作的量较小、含糖量也较低，建议以果酱冷却后的黏稠度为准。当果酱的杂质完全捞除后，再熬煮一阵子，在糖浆沸腾开始变浓稠时，可以舀出少许果酱放在盘子或桌面上冷却，再用手指拉丝测试胶化状况。或是用汤匙滴一滴果酱在冷水中，如果呈现下沉没有化开的状态，即表示煮好了。

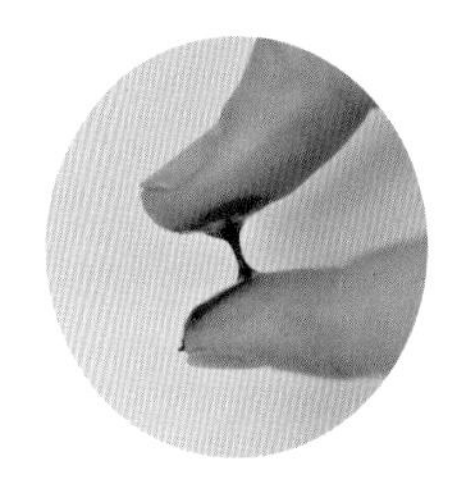

要点4 正确取用方式保存风味

食用时请使用干燥干净的器具挖取，避免水汽和细菌渗入，造成果酱变质。吃多少用多少，已经倒出来但未用完的果酱不能再倒回去，以免造成酱料腐坏。

要点5 最佳赏味期

装瓶后，贴上写有名称、制作日期和食用期限的小标签，以提醒食用期限。放凉后只要还未开封就可以常温保存，开罐后就必须冷藏保存。有些果酱会因时间的增长而慢慢褪色，这是没有加色素的证明，属于正常现象。手工果酱正常可以保存1~3个月，制作消毒得宜甚至能存放半年以上，但还是以3个月内风味最佳。

要点6　装罐技巧

手工果酱因为没有掺入防腐剂，因此比市售产品更不易保鲜，入瓶前都须对玻璃瓶作杀菌消毒处理，待入瓶后再进行真空处理，便可保存较长时间。

第1步　选择适当的保存容器

新鲜水果的果酸含量很高，长时间存放会对容器造成侵蚀，而释出有害的物质，因此保存时最好使用有盖、能密封的玻璃容器，容器的盖子内面也要做过防侵蚀处理才行。

第2步　沸水消毒

做果酱前，先消毒果酱瓶。将瓶放入大锅中，水淹过瓶身，一起加热，煮沸后再煮10分钟。水煮沸后才放果酱瓶，很有可能因为温差太大，瓶子破裂。瓶盖部分因含有胶膜，只要放入沸水中烫个60秒即可取出。

第3步　风干或烘干

用夹子取出瓶子，放在架上让它自然风干，或放入烤箱用100~150℃烘干再放至冷却，即可使用。不可以为了赶时间而用毛巾或纸巾擦拭瓶子，以免残留纸屑或棉絮。消毒好的果酱瓶须尽快使用，不然时间久了一样可能有细菌滋生。

第4步　趁热装罐

做好的果酱一熄火就立刻装罐，密封好后，马上倒扣，放在室温中让它慢慢冷却。倒扣的果酱会因地心引力将罐子里剩余的空气挤出去，使下方的空间形成真空状态，延长果酱的保存期。装瓶时因为很烫，所以要戴手套或用抹布隔热。装罐时要避免空气进入，装到不能再装才锁盖，否则不容易达到真空状态。倒扣后要等到完全冷却才能摆正，其间不要摇晃瓶子，以免影响果酱凝结。

第1章

果酱篇

微酸生津的凤梨，让人甜上心头的水梨，

还有鲜嫩的荔枝、芳香的芒果……

封存最新鲜的手感滋味，

不只可用来搭配幸福的吐司，

还能做出各式简单又令人惊艳的甜点。

HANDMADE JAM

综合莓果果酱

莓果是做果酱的首选，最容易熬出美味，也不易失败。
结合不同莓果完成的果酱，丰富的口感层次及独特的香气令人喜爱，
酸中带甜的滋味，是无糖酸奶、奶酪的好搭档。

材料 | 糖分比例 50%

冷冻综合莓果................500g
糖....................................250g
柠檬汁...........................20g

保存方式 未开封常温保存，
开封后冷藏保存。

赏 味 期 3 个月

制作步骤

1

将冷冻综合莓果放入大碗中，加入糖。

2

再加入柠檬汁。

3

用刮刀小心地充分混合所有材料。

4

静置4小时或放入冰箱冷藏一晚，使糖溶解，水果水分释出，并且释出果胶。

5

糖渍好的【步骤4】* 以及汁液倒入耐酸的锅中，置于炉上以中火熬煮。

6

一边搅拌一边捞除浮渣。

7

煮沸后，当浮渣不再产生，转小火持续熬煮。

8

果酱开始变浓稠、有光泽感时，舀少许果酱出来测试。

9

若用手指测试黏稠度，感觉有黏性、稍有胶感，或是以汤匙舀点果酱滴入冷开水中，其呈现下沉并不会散开的状态，即关火。煮好的果酱趁热放入已用热水消毒并烘干的果酱瓶，倒扣放凉。

*注：【步骤N】表示第N步骤完成的材料，全书下同。

小贴士

· 莓果的胶质很多，冷却后会变黏稠。果酱在熬煮时不需要收得太干，请提早舀出来测试浓稠度。

HANDMADE JAM

草莓大黄果酱

大黄长得很像芹菜，

其多汁带酸的口感很适合搭配草莓做成果酱及糕点，

这种搭配在西方很常见。

做成果酱的大黄，

经过熬煮只留下淡淡的酸味，再融合进草莓的香甜，非常美味。

材料 | 糖分比例 50%

草莓……300g
大黄……300g
糖……300g
柠檬汁……20g

保存方式 未开封常温保存，开封后冷藏保存。

赏味期 3个月

小贴士

· 若希望保留草莓鲜艳的色泽，可以分次熬煮，第一次熬煮沸腾后即关火，冷藏放置一晚让水果释放出更多果胶。隔天熬煮时，先捞出一半草莓果粒，等草莓糖液煮出胶质后，再将先捞出的一半草莓果粒放回稍微煮沸，即可装瓶。

制作步骤

1

将草莓洗净，沥干，去除叶梗、切除蒂头。❇ 沥干后才去蒂头，以免水分通过切口渗到果肉里。

2

大黄洗净、沥干，去掉根部，并撕去叶柄外皮的粗纤维，切成小块。

3

将草莓切半或整颗放入大碗中，再将大黄放入大碗中。加入糖。

4

加入柠檬汁。

5

用刮刀小心地将所有材料充分混合。

6

静置4小时或放入冰箱冷藏一晚，使糖溶解，水果水分释出，并且释出果胶。

7

倒入耐酸的锅中，置于炉上以中火熬煮。一边搅拌一边捞除浮渣。煮沸后，当浮渣不再产生，转小火持续熬煮。❇ 草莓容易产生大量的浮沫，熬煮时要仔细捞除。

8

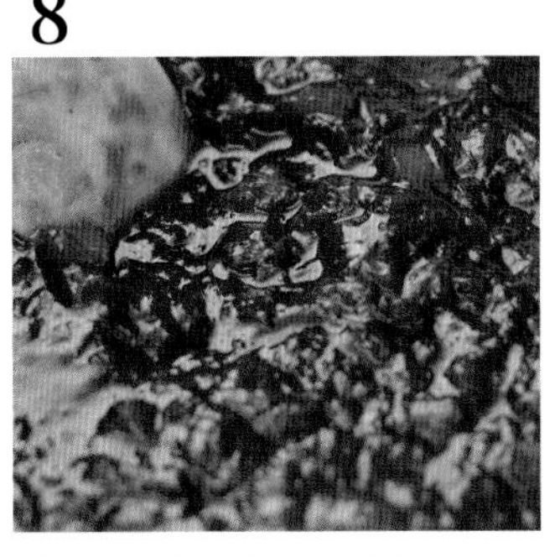

果酱开始变浓稠、有光泽感时，舀少许果酱出来测试。

9

若用手指测试黏稠度，感觉有黏性、稍有胶感或是以汤匙舀点果酱滴入冷开水中，其呈现下沉并不会散开的状态，即关火。煮好的果酱趁热放入已用热水消毒并烘干的果酱瓶，倒扣放凉。

HANDMADE JAM

柠香樱桃果酱

主要成分只有樱桃、糖和柠檬汁的果酱，
微酸中带着柠檬皮的香气，不会太甜腻，
再加上樱桃果粒明显，口感丰富特别，
可搭配面包，或作为冰淇淋、甜点的酱汁，
也可用来调制果茶，美味加倍！

材料 | 糖分比例 50%

欧洲酸樱桃或新鲜樱桃................500g
糖...250g
柠檬汁...25g
黄柠檬皮.......................................1颗

保存方式 未开封常温保存，开封后冷藏保存 。

赏味期 3个月

制作步骤

1

将酸樱桃放入大碗中。

2

如果使用新鲜樱桃，先洗净、去蒂头，用刀切一圈，转开成两半。用刀尖小心地挑去果核。

3

将处理好的樱桃放入大碗中，加入糖、柠檬汁。

4

用刮刀小心地将所有材料充分混合。

5

静置4小时或放入冰箱冷藏一晚，使糖溶解，水果水分释出，并且释出果胶。

6

将糖渍好的【步骤5】以及汁液倒入耐酸的锅中，置于炉上以中火熬煮。

7

一边搅拌一边捞除浮渣。煮沸后，当浮渣不再产生，转小火持续熬煮。

8

果酱开始变浓稠、有光泽感时，舀少许果酱出来测试（测试方法见第17页）。若有黏性、稍有胶感，加入黄柠檬皮，搅拌均匀后，即关火。

9

煮好的果酱趁热放入已用热水消毒并烘干的果酱瓶，倒扣放凉。

小贴士

· 酸樱桃风味偏酸，可在大型超市购买，如不好取得，用新鲜樱桃代替也可以。

HANDMADE JAM

无花果苹果果酱

香甜温润的无花果与酸甜的苹果搭配，口味清爽，香而不腻，
保留果肉口感的果酱，可以单吃、当淋酱，
将这带籽的果酱加点蜂蜜调开，就是好喝的天然果汁！

材料 | 糖分比例 50%

无花果............................300g
苹果...............................150g
糖...................................225g
柠檬汁............................30g

保存方式 未开封常温保存，
开封后冷藏保存。

赏味期 3个月

制作步骤

1

无花果洗净、沥干，去除蒂头，视大小切成4~6块。

2

苹果洗净，去皮、去芯，再切成小丁。❇也可将苹果打成泥使用。

3

将无花果、苹果放入大碗中，加入细砂糖、柠檬汁。

4

用刮刀小心地将所有材料充分混合。

5

静置4小时或放入冰箱冷藏一晚，使糖溶解，水果水分释出，并且释出果胶。

6

将糖渍好的【步骤5】以及汁液倒入耐酸的锅中，置于炉上以中火熬煮。

7

一边搅拌一边捞除浮渣。煮沸后，当浮渣不再产生，转小火持续熬煮。

8

果酱开始变浓稠、有光泽感时，舀少许果酱出来测试（测试方法见第17页）。

9

果酱若有黏性、稍有胶感，即关火。煮好的果酱趁热放入已用热水消毒并烘干的果酱瓶，倒扣放凉。

HANDMADE JAM

肉桂黑李果酱

季节限定的黑李，全熟时多汁甜美，果胶丰富。
这款果酱里还使用了有着特殊香气的肉桂，
不仅风味独特，整体的色泽也非常美丽。

材料 | 糖分比例 50%

黑李……350g
肉桂棒……1支
糖……175g
柠檬汁……20g

保存方式 未开封常温保存，开封后冷藏保存。

赏味期 3个月

制作步骤

1

黑李洗净，沥干，去蒂头，用刀切一圈，转开成两半。

2

用刀尖小心地挑去果核。

3

将黑李放入大碗中，加入糖、柠檬汁。

4

再加入肉桂棒。

5

用刮刀小心地将所有材料充分混合。

6

静置4小时或放入冰箱冷藏一晚，使糖溶解，水果水分释出，并且释出果胶。

7

将糖渍好的【步骤6】以及汁液倒入耐酸的锅中，置于炉上以中火熬煮。

8

果酱开始变浓稠、有光泽感时，舀少许果酱出来测试（测试方法见第17页），若有黏性、稍有胶感，即关火。

9

煮好的果酱趁热放入已用热水消毒并烘干的果酱瓶，倒扣放凉。

小贴士

· 肉桂棒的香气与桃李类水果相当搭配，整支熬煮方便装罐时挑除，也可以加入不同的辛香料，如黑胡椒粒、豆蔻粉、姜片等。

香茅淡淡的清香加上苹果香搭配出来的味道，
让果酱呈现不同的变化，并撞击出全新的惊喜，
不管是抹面包、做派塔馅料或是做甜点，都是不容错过的好滋味。

材料 | 糖分比例 45%

苹果……………………………300g
新鲜香茅……………………4根
细砂糖…………………………135g
柠檬汁…………………………30g

保存方式 未开封常温保存，开封后冷藏保存。

赏味期 3个月

制作步骤

1

苹果洗净，去皮、去芯，再切成小丁。

2

香茅洗净，沥干，先直切几刀，再横切成细末（从底部开始切起，切到没有紫圈即可停止）。

3

将苹果放入大碗中，加入糖、柠檬汁。

4

用刮刀小心地将所有材料充分混合。

5

静置4小时或放入冰箱冷藏一晚，使糖溶解，水果水分释出，并且释出果胶。将其倒入耐酸的锅中，置于炉上以中火熬煮。

6

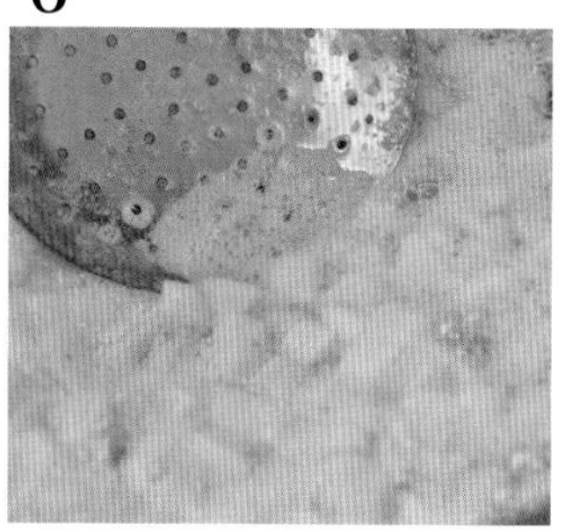

一边搅拌一边捞除浮渣。煮沸后，当浮渣不再产生，转小火持续熬煮。

7

果酱变浓稠后，倒入榨汁机或用料理棒打匀。

8

回煮到有光泽感时，舀少许果酱出来测试（测试方法见第17页）。若有黏性、稍微胶化，加入香茅末，搅拌均匀产生香气后，即关火。

9

煮好的果酱趁热放入已用热水消毒并烘干的果酱瓶，倒扣放凉。

小贴士

- 若希望果酱是更柔软的质地，可在苹果切丁后先用热水煮软再沥干水分进行接下来的步骤。
- 香茅的香气在接近根部有紫圈这段比较浓郁，上面的部分香气较弱，可留下另用，如泡茶或是煮汤。

柠檬奇异果果酱

以奇异果和柠檬果肉为主熬煮出的爽口奇异果果酱，
满满的维生素C以及微微的酸甜滋味，是健康与美味相结合的新体验。

材料 | 糖分比例 50%

- 黄金奇异果……480g
- 黄柠檬果肉……20g
- 糖……170g
- 柠檬汁……20g
- 蜂蜜……80g
- 黄柠檬皮……1颗

保存方式 未开封常温保存，开封后冷藏保存。

赏味期 3个月

制作步骤

1

奇异果洗净，去皮，切成大小一致的果丁。

2

用磨皮器取下黄柠檬皮。

3

将【步骤2】的黄柠檬去头去尾。

4

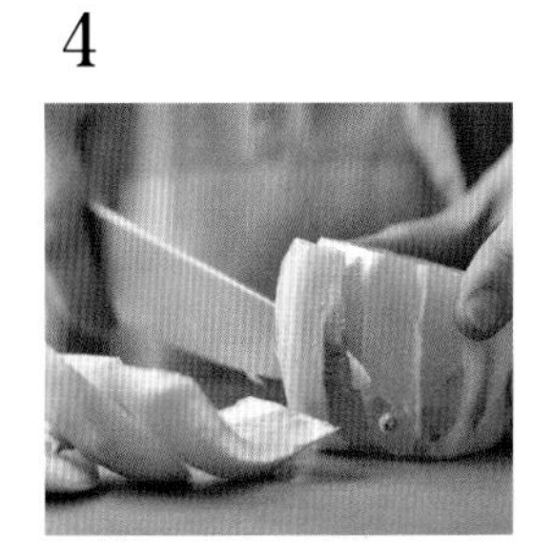

沿着果皮与果肉交界处下刀，慢慢去皮。

5

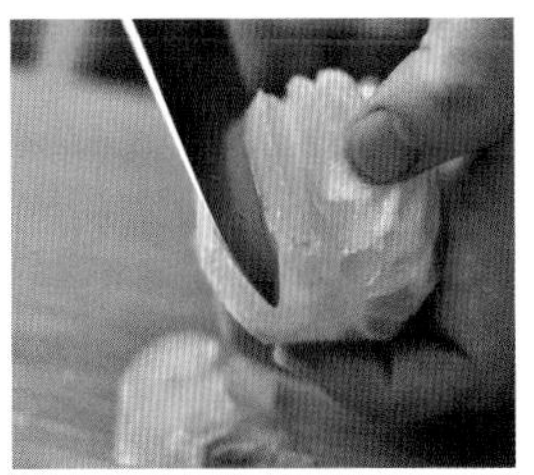

从果膜间下刀，取出果肉，并将取完果肉的黄柠檬榨汁。

6

将奇异果放入大碗中，加入柠檬果肉。

7

加入糖。

8

加入柠檬汁。

9

用刮刀小心地将所有材料充分混合。

10

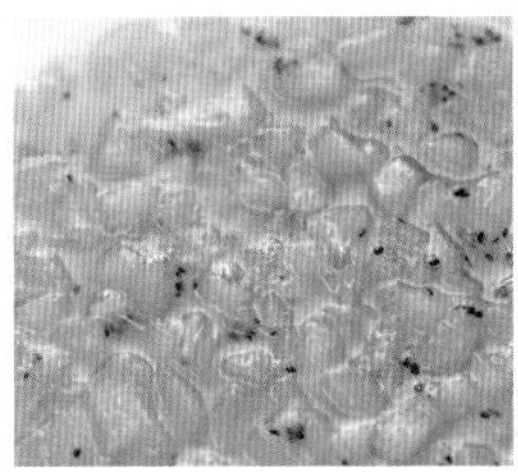

静置4小时或放入冰箱冷藏一晚，使糖溶解，水果水分释出，并且释出果胶。

11

将糖渍好的【步骤10】以及汁液倒入耐酸的锅中，置于炉上以中火熬煮。

12

一边搅拌一边捞除浮渣。煮沸后，当浮渣不再产生，转小火持续熬煮。

13

果酱开始变浓稠、有光泽感时，舀少许果酱出来测试（测试方法见第17页）。

14

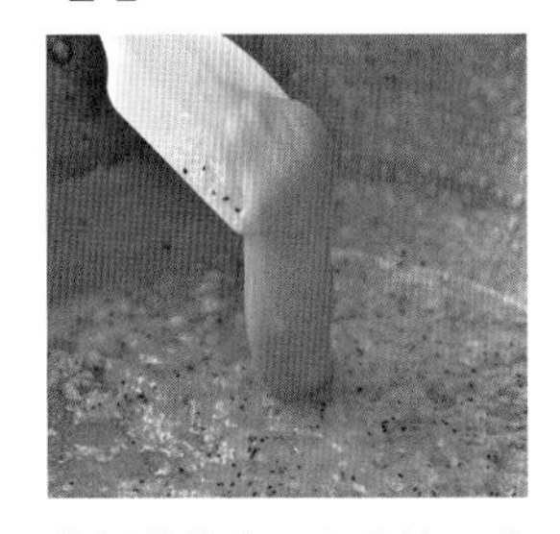

将果酱熬煮至有黏性、稍有胶感，加入蜂蜜。

15

再加入柠檬皮搅拌均匀，即关火。❇ 柠檬皮不要煮太久，以保留香气。

16

煮好的果酱趁热放入已用热水消毒并烘干的果酱瓶，倒扣放凉。

干邑橙酒果酱

这是一款含有果皮、果汁及果肉的果酱，
再加上以柑橘类果皮酿制而成的香甜酒，
非常适合炎炎夏日，醒脑醒胃，
不管在口感上或是味道上都令人清新舒爽。

材料 ｜ 糖分比例 35%

甜橙……………………2颗
（取用橙皮及500g的果肉）

糖……………………175g

黄柠檬……………………1颗
（取用柠檬皮及40g的柠檬汁）

干邑橙酒……………………25g

保存方式 未开封常温保存，开封后冷藏保存。

赏味期 3个月

制作步骤

1

将甜橙、黄柠檬洗净，沥干，用削皮刀取下果皮。

2

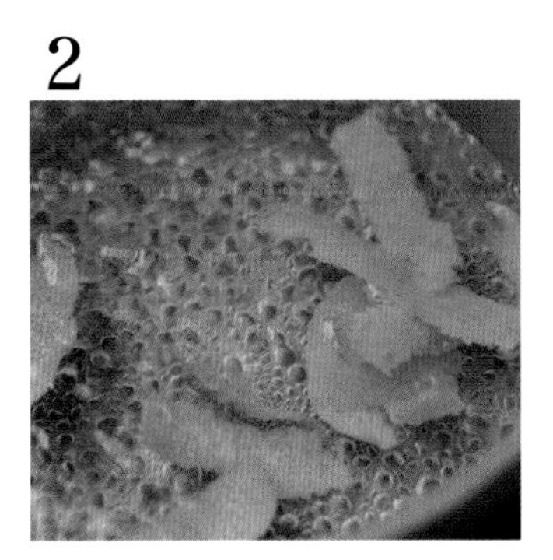

将两种果皮一起放入小锅中，加入适量冷水煮沸。

3

捞起果皮后将水倒掉，再加入适量冷水煮沸，重复此步骤3次，以去除皮的涩味。

4

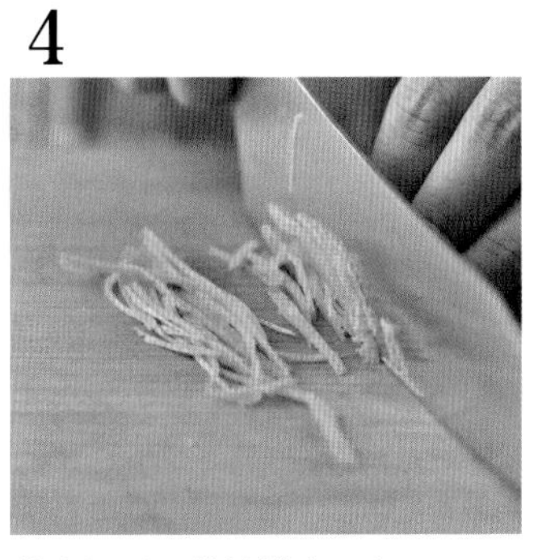

将去涩后的黄柠檬皮切成细丝。

5

将去涩后的甜橙皮切成细丝。

6

将【步骤1】的甜橙去头去尾。

7

沿着果皮与果肉交界处下刀，慢慢去皮。

8

从果膜间下刀，取出果肉，并将取完果肉的甜橙骨架榨汁。

9

将甜橙果肉、果汁放入大碗中，加入糖。

10

加入柠檬汁。

11

用刮刀小心地将所有材料充分混合。

12

静置4小时或放入冰箱冷藏一晚，使糖溶解，水果水分释出，并且释出果胶。

13

糖渍好的【步骤12】以及汁液倒入耐酸的锅中，加入橙皮丝。

14

加入黄柠檬皮丝。

15

置于炉上以中火熬煮。

16

一边搅拌一边捞除浮渣。煮沸后，当浮渣不再产生，转小火持续熬煮。

17

果酱开始变浓稠、有光泽感时，舀少许果酱出来测试（测试方法见第17页）。若有黏性、稍有胶感，加入橙酒，搅拌均匀后关火。

18

煮好的果酱趁热放入已用热水消毒并烘干的果酱瓶，倒扣放凉。

小贴士

· 此款果酱不需太黏稠，有点水状即可装瓶，若是过度熬煮，冷却状态下的果酱会非常黏稠。

HANDMADE JAM

焦糖香蕉果酱

香蕉是一年四季都买得到的水果，气味香甜口感好，
却因为容易氧化褐变而不讨喜，少有单独做成果酱食用，
与焦糖搭配可以改善这个问题，同时口感上也更为丰富、有层次。

材料 | 糖分比例 65%

A
焦糖酱
- 水……45g
- 细砂糖……90g
- 热水……45g

B
- 香蕉……300g
- 糖……150g
- 柠檬汁……30g
- 水……100g
- 焦糖液……50g

保存方式 未开封常温保存，
开封后冷藏保存 。

赏味期 3个月

制作步骤

1

小锅中放入水及细砂糖，开大火熬煮。

2

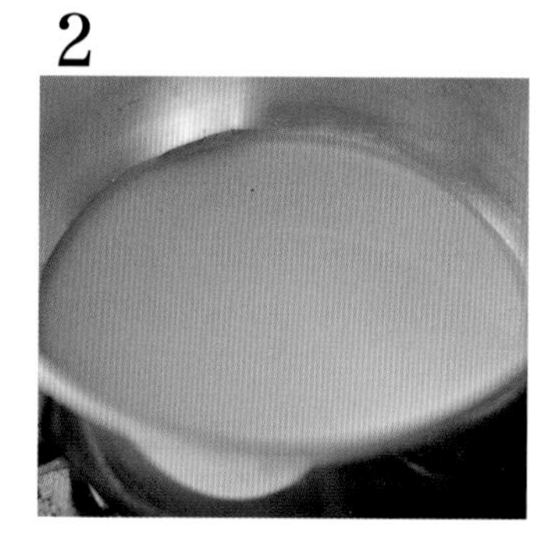

水沸后用打蛋器不停搅拌，让砂糖融化，之后不再搅拌糖浆。

3

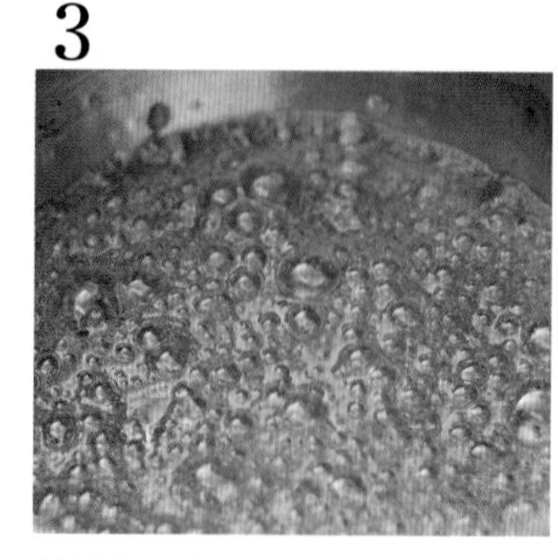

持续煮至糖浆出现金黄色。

4

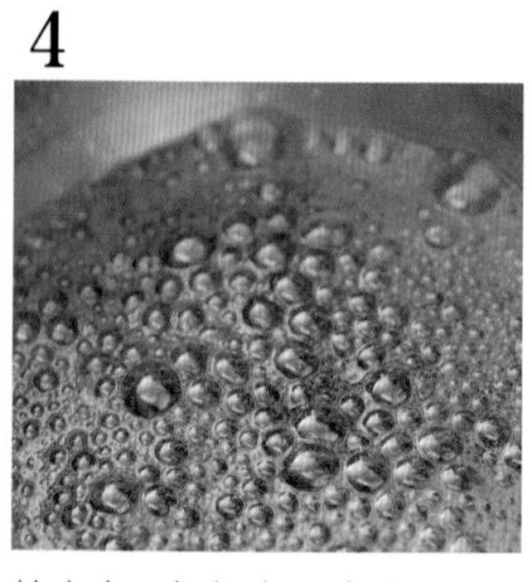

转小火，慢慢煮至琥珀色（约160℃）。

5

熄火后，小心地加入热水，用打蛋器搅拌均匀。

6

重新开火，煮成深金黄色焦糖。

7

关火备用。❄煮少量时，由于温度计难测温，建议用颜色判别。

8

称50g焦糖液备用。

9

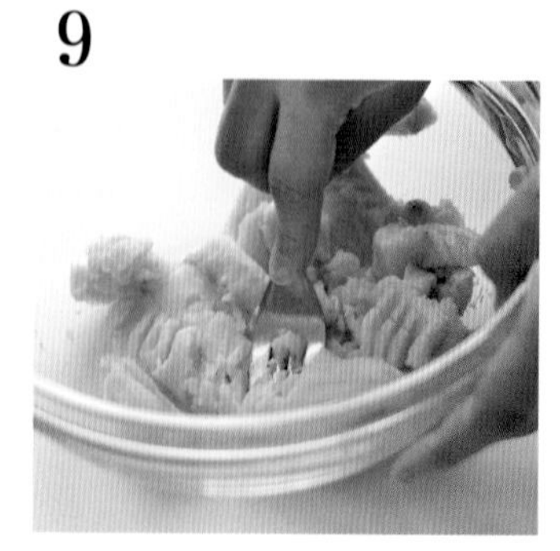

香蕉去皮，放入大碗中，用叉子快速压泥。

10

快速地加入糖。

11

加入柠檬汁。

12

再加入水。

13

用刮刀小心地将所有材料充分混合。

14

放入锅中，开中火熬煮。

15

一边搅拌一边捞除浮渣。煮沸后，当浮渣不再产生，转小火持续熬煮。

16

果酱煮至开始变浓稠、有光泽感时，舀少许果酱出来测试（测试方法见第17页）。

17

将果酱熬煮至有黏性、稍有胶感，加入焦糖液。

18

继续熬煮至收稠后，即关火。煮好的果酱趁热放入已用热水消毒并烘干的果酱瓶，倒扣放凉。

小贴士

· 香蕉剥开后的氧化速度相当快，不需要经过糖渍的步骤，后续的步骤都要快速完成。

· 可选择较熟的香蕉，其果皮的果胶含量较为丰富，香气较浓郁。

HANDMADE JAM

玫瑰水梨果酱

水梨滋味清甜，在夏末秋初的盛产时节，
要把美味保留下来，就是制作成果酱，
再加入玫瑰水，甜蜜滋味中还多了花的香气。
可涂抹在司康、面包上，也可成为沙拉酱的主角。

材料 | 糖分比例 45%

水梨……………………………450g
糖………………………………200g
柠檬汁…………………………30g
玫瑰水…………………………15g

保存方式 未开封常温保存，开封后冷藏保存。

赏味期 1~2 个月

制作步骤

1

将水梨洗净，去皮、去核、切丁。

2

将水梨放入大碗中，加入糖、柠檬汁。

3

用刮刀小心地将所有材料充分混合。

4

静置4小时或放入冰箱冷藏一晚，使糖溶解，水果水分释出，并且释出果胶。

5

将糖渍好的【步骤4】以及汁液倒入耐酸的锅中，置于炉上以中火熬煮。

6

一边搅拌一边捞除浮渣。煮沸后，当浮渣不再产生，转小火持续熬煮。

7

果酱开始变浓稠时，倒入榨汁机或用料理棒打匀。

8

回煮到有光泽感时，舀少许果酱出来测试（测试方法见第17页），若有黏性、稍有胶感，加入玫瑰水，搅拌均匀后，即关火。

9

煮好的果酱趁热放入已用热水消毒并烘干的果酱瓶，倒扣放凉。

小贴士

· 欧洲甜点非常喜爱使用玫瑰水或橙花水让甜点充满花香。建议使用烘焙用玫瑰水，才能保存更多的玫瑰香气。若无法取得玫瑰水也可在有机芳疗店购买玫瑰纯露或是以玫瑰花瓣取代。

HANDMADE JAM

蜜香葡萄柚果酱

香气清新有活力的葡萄柚，搭配上甜蜜的蜂蜜，交织出迷人的风味。
不论是搭配酸奶、松饼、冰淇淋，
或是加点水果丁、气泡水调配成气泡饮都相当美味。

材料 | 糖分比例 50%

葡萄柚果肉……500g
葡萄柚皮……15g
糖……250g
柠檬汁……25g
蜂蜜……40g

保存方式 未开封常温保存，开封后冷藏保存。

赏味期 3个月

制作步骤

1

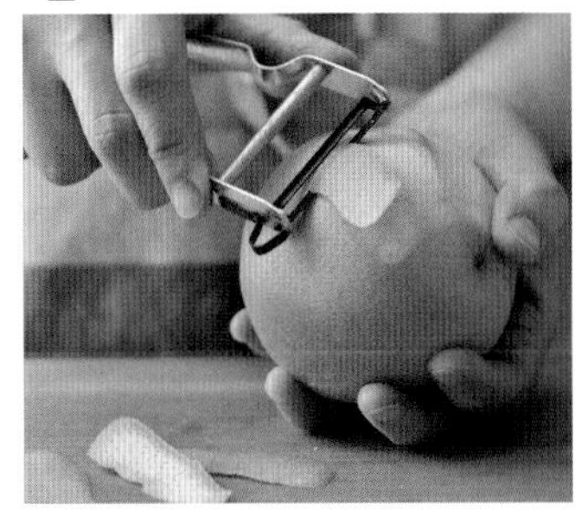

葡萄柚洗净，沥干，用削皮刀取下葡萄柚皮。

2

放入小锅中，加入适量冷水煮沸后，将水倒掉。重复此步骤3次，以去除皮的涩味。

3

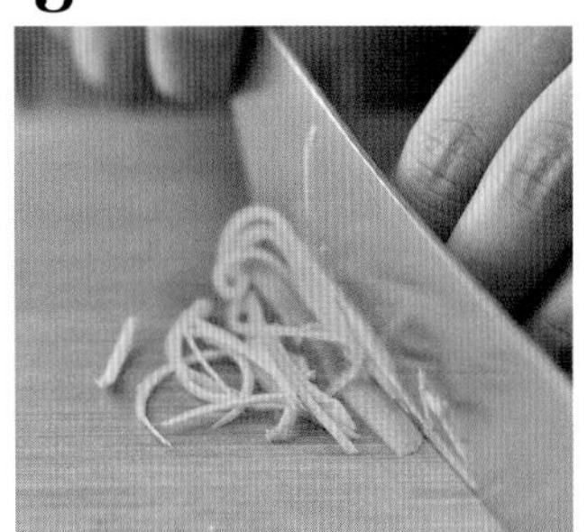

再将葡萄柚皮沥干，切丝。

4

沿着果皮与果肉交界处下刀，慢慢去皮。从果膜间下刀，取出果肉，并将取完果肉的葡萄柚骨架榨汁。

5

将葡萄柚果肉、果汁放入大碗中，加入糖、柠檬汁，用刮刀小心地将所有材料充分混合。

6

静置4小时或放入冰箱冷藏一晚，使糖溶解，水果水分释出，并且释出果胶。

7

倒入耐酸的锅中，加入葡萄柚皮丝，置于炉上以中火熬煮。一边搅拌一边捞除浮渣。煮沸后，当浮渣不再产生，转小火持续熬煮。

8

果酱开始变浓稠、有光泽感时，舀少许果酱出来测试（测试方法见第17页）。若有黏性、稍有胶感，加入蜂蜜，搅拌均匀后关火。

9

煮好的果酱趁热放入已用热水消毒并烘干的果酱瓶，倒扣放凉。

小贴士

· 此款果酱不需太黏稠，有点水状即可装瓶，若是过度熬煮，冷却状态下的果酱会非常黏稠。

HANDMADE JAM

玫瑰荔枝果酱

夏季特有的荔枝，果肉肥厚鲜甜，煮出的果酱呈现淡淡的粉色，
加入玫瑰水可以闻到舒服的香气，
将其舀些加在红茶中，
能让平淡的茶汤增添甜蜜且迷人的风味。

材料 | 糖分比例 40%

荔枝……350g
苹果……150g
糖……200g
柠檬汁……20g
玫瑰水……20g

保存方式 未开封常温保存，开封后冷藏保存。

赏味期 1~2个月

制作步骤

1

苹果洗净，去皮、去芯，再切小丁。❄若希望果酱是更柔软的质地，可在切丁后用热水煮软再沥干。

2

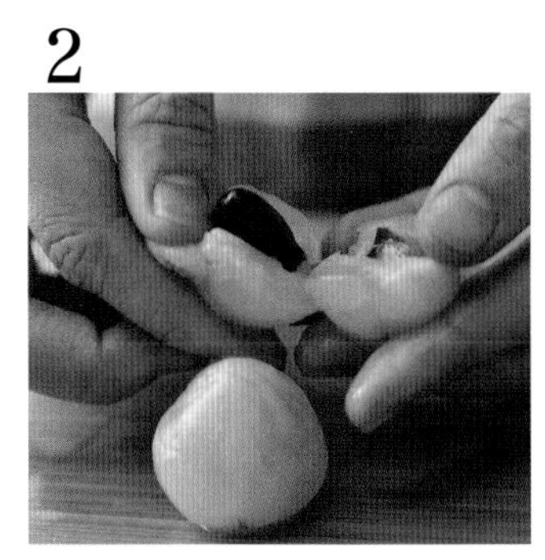

荔枝去壳，对半切取出果核。

3

将苹果、荔枝放入大碗中，加入糖、柠檬汁。

4

用刮刀小心地将所有材料充分混合。

5

静置4小时或放入冰箱冷藏一晚，使糖溶解，水果水分释出，并且释出果胶。

6

将糖渍好的【步骤5】以及汁液倒入耐酸的锅中，置于炉上以中火熬煮。

7

一边搅拌一边捞除浮渣。煮沸后，当浮渣不再产生，转小火持续熬煮。

8

果酱开始变浓稠，倒入榨汁机或用料理棒打匀。回煮到有光泽感时，舀少许果酱出来测试（测试方法见第17页）。

9

将果酱熬煮至有黏性、稍有胶感，加入玫瑰水，搅拌均匀后，即关火。煮好的果酱趁热放入已用热水消毒并烘干的果酱瓶，倒扣放凉。

小贴士

- 荔枝香甜浓郁非常适合做果酱，但产季非常短，要把握时间制作。
- 没有玫瑰水可用干燥玫瑰花瓣代替。

HANDMADE JAM

薰衣草杏桃苹果果酱

滋味香甜、口感爽脆的杏桃干，搭配薰衣草味的苹果酱，
将果酱的滋味提高到另一个层次。
一口咬下就会在嘴里迸发出天然香气，不管视觉味觉都令人满足。

材料｜糖分比例 45%

苹果……300g
细砂糖……135g
柠檬汁……30g
薰衣草……3g
杏桃干……30g

保存方式 未开封常温保存，开封后冷藏保存。

赏味期 3个月

制作步骤

1

苹果洗净，去皮、去芯，切小丁。杏桃干切小丁。

2

将苹果丁放入大碗中，加入糖、柠檬汁。

3

用刮刀小心地将所有材料充分混合。

4

静置4小时或放入冰箱冷藏一晚，使糖溶解，水果水分释出，并且释出果胶。加入薰衣草拌匀。

5

倒入耐酸的锅中，置于炉上以中火熬煮。一边搅拌一边捞除浮渣。煮沸后，当浮渣不再产生，转小火持续熬煮。

6

果酱开始变浓稠、有光泽感。

7

倒入榨汁机或用料理棒打匀。

8

回煮到有光泽感时，舀少许果酱出来测试（测试方法见第17页）。若有黏性、稍有胶感，加入杏桃丁搅拌均匀，产生香气后，即关火。

9

煮好的果酱趁热放入已用热水消毒并烘干的果酱瓶，倒扣放凉。

小贴士

- 若希望果酱是更柔软的质地，可在苹果切丁后先用热水煮软再沥干水分进行接下来的步骤。
- 若不喜欢薰衣草的口感，可用适量热水泡成茶汤，在果酱煮好后加入提味。

HANDMADE JAM

樱桃红心火龙果果酱

红心火龙果带有淡淡甜味与微微昙花香气，
富含甜菜红素而色彩艳丽，经过加工制成果酱后呈现自然胶稠度。
与樱桃结合，有酸甜回甘的丰富滋味。

材料 | 糖分比例 45%

红心火龙果....................350g
樱桃...............................150g
糖..................................225g
柠檬汁...........................30g

保存方式 未开封常温保存，开封后冷藏保存。

赏味期 3个月

制作步骤

1

红心火龙果洗净，去皮，切成小丁。

2

樱桃洗净，沥干，去蒂头，用刀切一圈，转开成两半，用刀尖小心地挑去果核。

3

将红心火龙果、樱桃放入大碗中，加入糖、柠檬汁。

4

用刮刀小心地将所有材料充分混合。

5

静置4小时或放入冰箱冷藏一晚，使糖溶解，水果水分释出，并且释出果胶。

6

将糖渍好的【步骤5】以及汁液倒入耐酸的锅中，置于炉上以中火熬煮。

7

一边搅拌一边捞除浮渣。煮沸后，当浮渣不再产生，转小火持续熬煮。

8

果酱开始变浓稠、有光泽感时，舀少许果酱出来测试（测试方法见第17页），若有黏性、稍有胶感，即关火。

9

煮好的果酱趁热放入已用热水消毒并烘干的果酱瓶，倒扣放凉。

小贴士

· 樱桃也可以选用冷冻酸樱桃或是糖渍罐头樱桃。

HANDMADE JAM

凤梨芒果果酱

凤梨的微酸伴随芒果的鲜甜，两种都是台湾的代表水果，
浓郁的果香迸出有如夏恋般的酸甜滋味。
可以搭配松饼、不甜的蛋糕，让下午茶充满热情的南国色彩。

材料 | 糖分比例 40%

凤梨……250g
芒果……250g
糖……200g
柠檬汁……30g

保存方式 未开封常温保存，开封后冷藏保存。

赏味期 3个月

制作步骤

1

凤梨洗净，去皮、切丁。

2

芒果洗净，去皮、切丁。

3

将凤梨丁、芒果丁放入大碗中，加入糖、柠檬汁。

4

用刮刀小心地将所有材料充分混合。

5

静置4小时或放入冰箱冷藏一晚，使糖溶解，水果水分释出，并且释出果胶。

6

将糖渍好的【步骤5】以及汁液倒入耐酸的锅中，置于炉上以中火熬煮。

7

一边搅拌一边捞除浮渣。煮沸后，当浮渣不再产生，转小火持续熬煮。

8

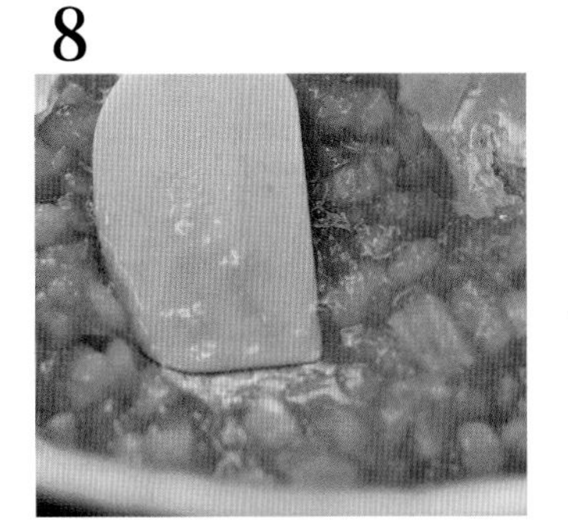

果酱开始变浓稠、有光泽感时，用刮刀将果粒压泥。

9

舀少许果酱出来测试（测试方法见第17页）。若有黏性、稍有胶感，即关火。煮好的果酱趁热放入已用热水消毒并烘干的果酱瓶，倒扣放凉。

小贴士

- 如果喜欢有颗粒感的果酱，可不将果粒压成泥状。
- 也可随个人喜好调整凤梨和芒果的比例。

HANDMADE JAM

香料番茄果酱

番茄也能做果酱？！
浓缩满满茄红素的番茄果肉和香料迸出火花，
酸酸又甜甜、奇妙又有滋味，成就一款相当百搭的果酱，
浓郁酸甜滋味和咸香的点心也很搭。

保存方式 未开封常温保存，开封后冷藏保存。　**赏味期** 3个月

材料 | 糖分比例 50%

小番茄（或大番茄）...500g
糖..................................250g
柠檬汁..........................30g
月桂叶..........................2片
新鲜或干燥迷迭香.......1支
新鲜或干燥百里香.......1小撮

制作步骤

1

番茄去蒂，洗净，用刀在底部轻轻划一个十字。

2

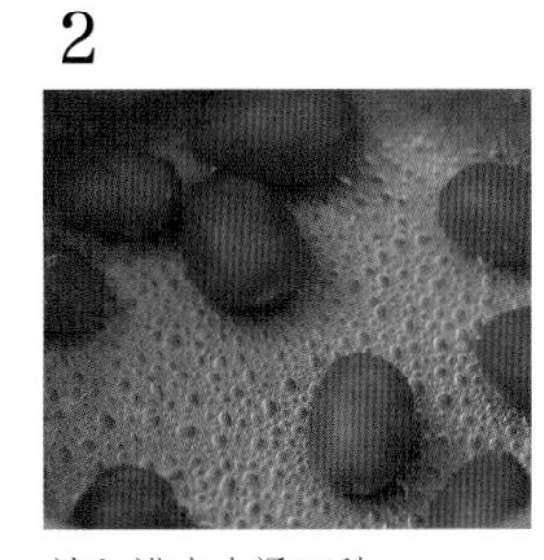

放入沸水中烫30秒。

3

捞起放入冰水冰镇。

4

用刀辅助去皮。❄ 如果用大番茄要在去皮后切丁。

5

将番茄放入大碗中，加入糖。

6

加入柠檬汁。

7

加入月桂叶。

8

加入迷迭香。

9

再加入百里香。

10

用刮刀小心地将所有材料充分混合。

11

静置4小时或放入冰箱冷藏一晚，使糖溶解，水果水分释出，并且释出果胶。

12

糖渍好的【步骤11】以及汁液倒入耐酸的锅中，置于炉上以中火熬煮。

13

一边搅拌一边捞除浮渣。煮沸后，当浮渣不再产生，转小火持续熬煮。

14

果酱开始变浓稠、有光泽感时，舀少许果酱出来测试（测试方法见第17页）。

15

熬煮至果酱有黏性、稍有胶感，即关火。煮好的果酱趁热放入已用热水消毒并烘干的果酱瓶，倒扣放凉。

美·味·提·案

柚香磅蛋糕

份量 SN2126 磅蛋糕（水果条）模型 × 1 个　保存期限　常温 5~7 天

（上口尺寸 210mm x 77mm，下底尺寸 206mm x 73mm，高 63mm）

材料

A
- 无盐黄油..................120g
- 糖粉..........................80g
- 鸡蛋..........................120g
- 低筋面粉..................120g
- 无铝泡打粉..............3g
- 蜜香葡萄柚果酱.......40g

B
- 无盐黄油..................适量

制作步骤

1

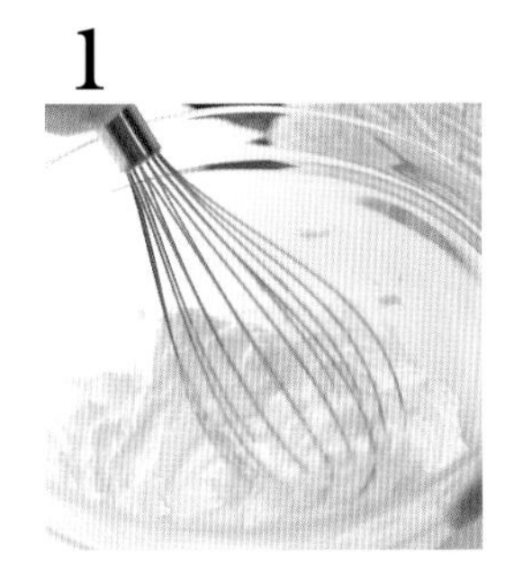

无盐黄油切丁放置室温软化，用打蛋器稍微打发。

2

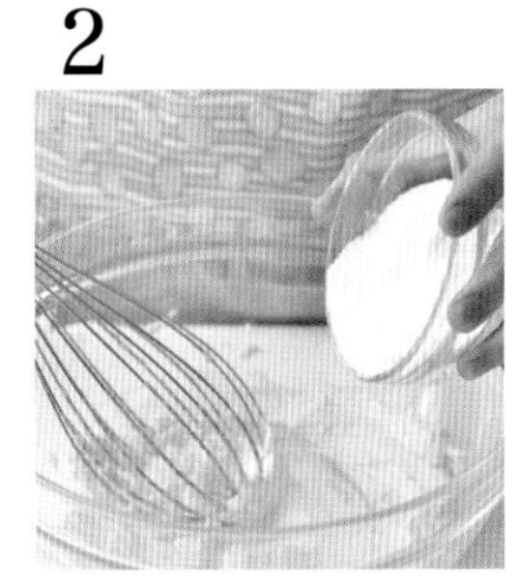

加入糖粉。

3

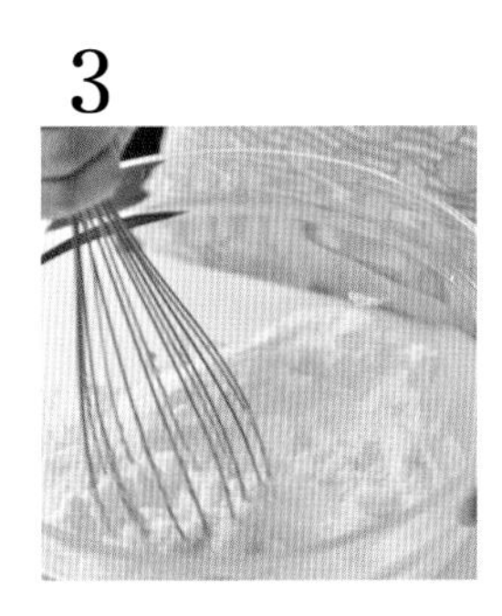

用打蛋器打发。❇打发至泛白。

4

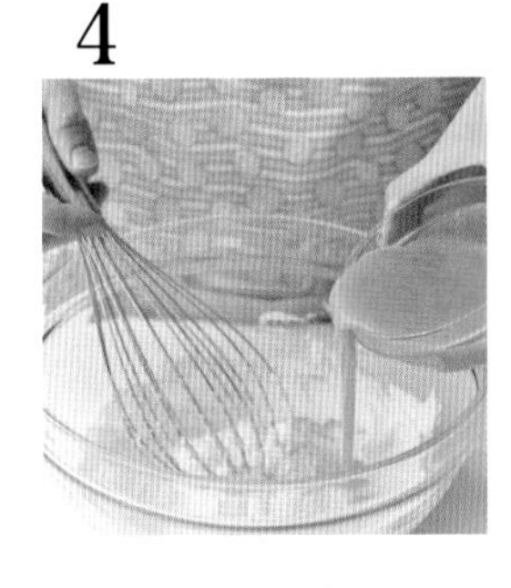

分次加入鸡蛋搅拌均匀。❇黄油与蛋液拌合时，需分次加入并快速搅拌，以免油水分离影响口感。鸡蛋和黄油均放置于室温下。

5

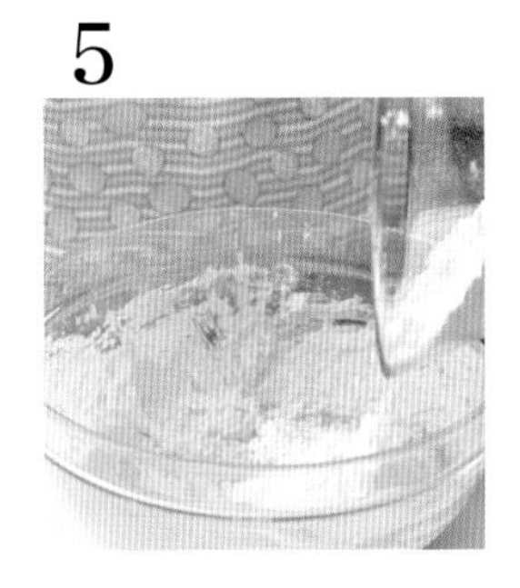

将打蛋器上的面糊敲回盘里，再一口气加入过筛好的低筋面粉。

6

加入无铝泡打粉。

7

用橡皮刮刀翻拌混合成均匀的蛋糕糊。

8

加入蜜香葡萄柚果酱。

9

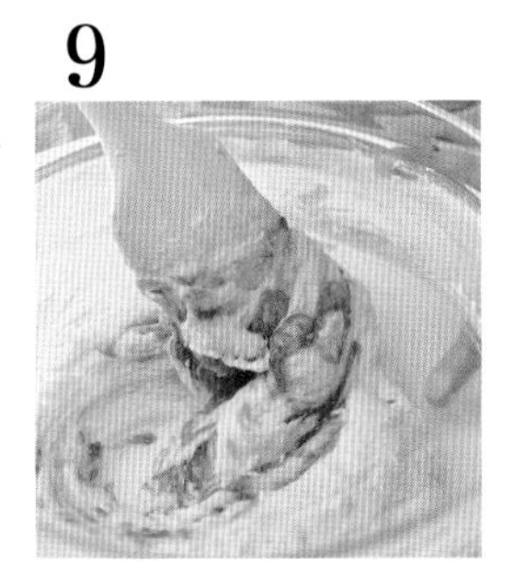

将蜜香葡萄柚果酱与蛋糕糊稍微拌匀。

10

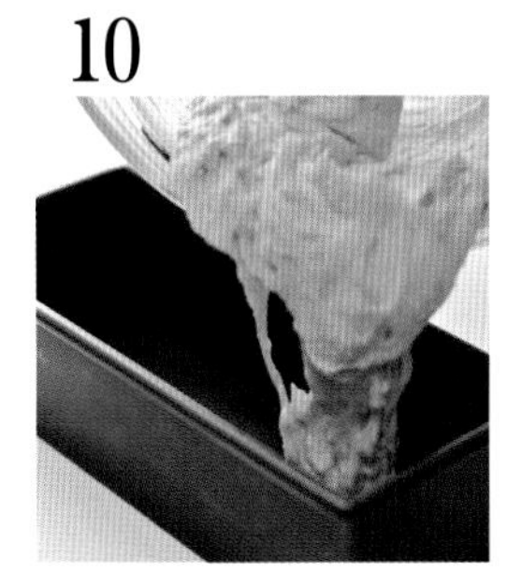

将面糊倒入模型中。

11

在面糊中央纵向挤上一条黄油。放入已预热烤箱以上火160℃／下火160℃烘烤30~35分钟。❇可用竹签戳入面糊，若取出时无沾黏，即代表面糊已烤熟。

小贴士

- 烤磅蛋糕时为了让裂纹漂亮地裂在中间，可以采用两个小秘诀：一是在烘烤期间取出蛋糕，用沾过水的刀尖在蛋糕体中间纵向浅浅地划一刀；二是在烤焙前于蛋糕糊中央纵向挤上一条黄油来帮助裂痕找到“出路”。
- 出炉后，脱模待凉，密封静置一晚，隔日食用，口感会更湿润。

美·味·提·案

果酱夹心饼干

份量 约 4cm × 4cm ×24 块 **保存期限** 常温 3~5 天

材料

A
- 无盐黄油……………90g
- 细砂糖………………50g
- 盐……………………1g
- 鸡蛋…………………30g
- 牛奶…………………30g
- 低筋面粉……………140g
- 无铝泡打粉…………3g

B
- 甜橙、莓果果酱……适量

制作步骤

1

黄油放置室温软化至软膏状，加入过筛后的细砂糖、盐。

2

用打蛋器打发成淡黄色。

3

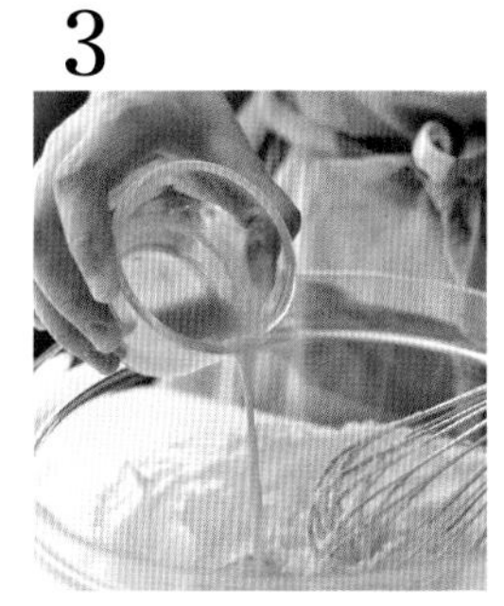

分次加入蛋液混合均匀。

4

分次加入牛奶混合均匀。

5

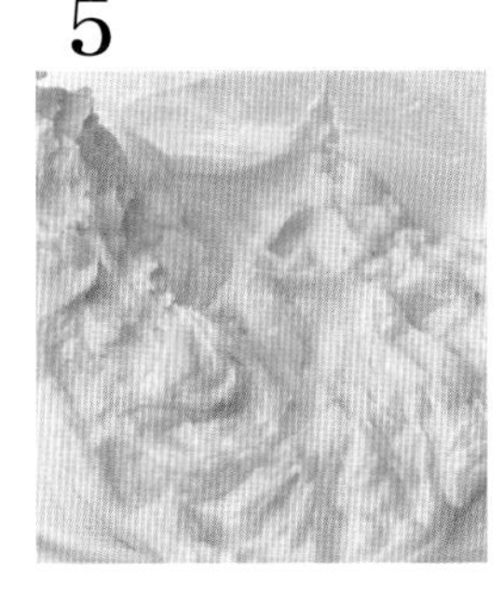

继续用打蛋器打发。❄随着空气的搅入，黄油变得膨松，颜色也由黄色变为接近乳白色时，即为打发。

6

将过筛好的低筋面粉、泡打粉倒入黄油糊中。

7

用橡皮刮刀切拌混合。

8

混合均匀即完成面糊。❄拌匀至看不见干粉就应停止，切勿过度搅拌。

9

面糊装入配有扁形花嘴的裱花袋中，挤成4cm×4cm的正方形。❄将2~3条面糊挤在一列，挤成约4cm长。

10

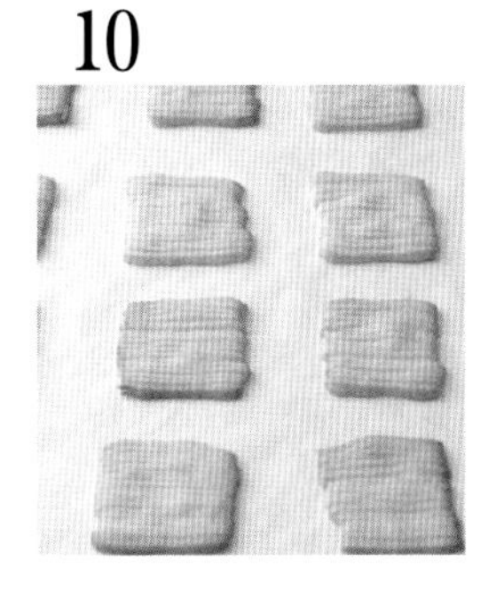

放入已预热烤箱以上火175℃／下火175℃烘烤10分钟，之后反转烤盘方向，再烘烤5分钟左右。

11

出炉后，放置凉架待凉，取两块大小一致的饼干，夹入果酱即可。❄饼干非常薄脆，夹馅时要格外小心。

美·味·提·案

枫丹白露

份量 65g × 10个　保存期限 冷藏3天

材料

A
- 香草豆荚……………1根
- 法国白乳酪*…………300g
- 淡奶油………………300g
- 细砂糖………………50g
- 纱布…………………数张

B
- 新鲜水果……………适量
- 果酱…………………适量

编者注：*白乳酪（fromage blanc）是一种法国常见的奶酪，质地如同浓稠版的酸奶，保存期较短。目前编辑发现白乳酪较不好购买，提供以下替代方法，仅供参考：将100g奶油奶酪和200g质地浓稠的酸奶混合使用（若买来的酸奶较稀，可用纱布包裹，静置几小时过滤水分）。

制作步骤

1

香草荚对半剖开。

2

用刀背刮取出香草籽。✻若无香草荚，可使用香草精、香草酱代替。（一根香草荚≈2.5~5ml的香草精）

3

将法国白乳酪用打蛋器轻轻搅拌至顺滑，加入香草籽。

4

用刮刀轻轻地混合均匀，置于冰箱冷藏备用。

5

淡奶油放入大碗中，加入细砂糖。

6

用电动搅拌器中速打发淡奶油。

7

打至五到七分发。

8

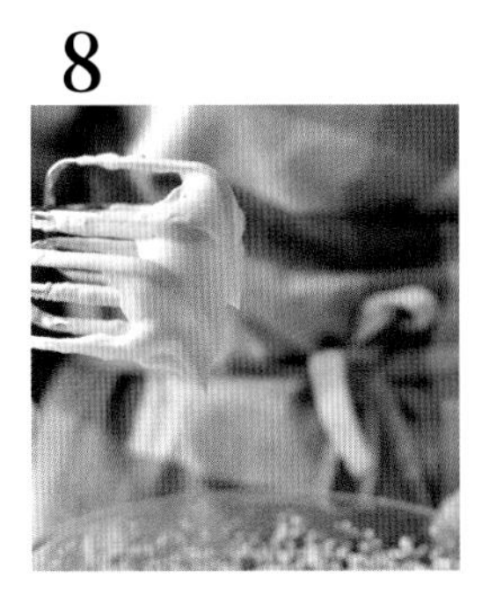

搅拌器举起呈现小尖角不滴落即可。

9

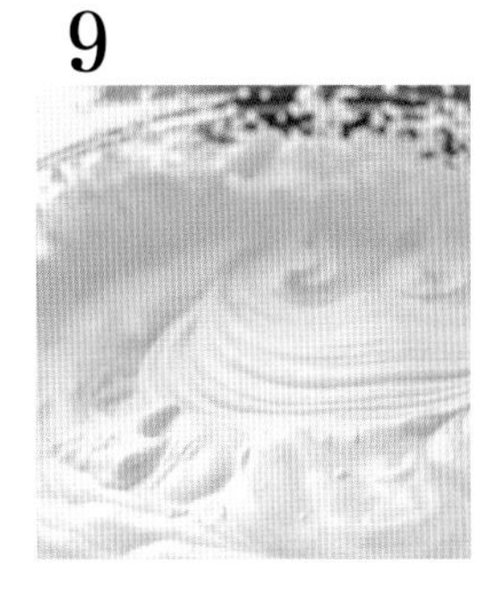

或用搅拌器在奶油上方画线条，纹路不会消失时，就是五分发。✻若厨房温度略高，可以隔冰块水打发淡奶油。

10

取1/2打发淡奶油放至白乳酪盆中。

11

用刮刀混合均匀。

12

再倒回剩余打发淡奶油盆中。

13

用刮刀轻柔地全部混合均匀。

14

两层纱布交叠，压入杯模中。

15

将【步骤13】舀入纱布杯模中（每份65g）。

16

将纱布尾端全部聚集、绑起。

17

将纱布略扭紧，轻压固定在上方，放入冰箱中冷藏一晚以沥除水分。

18

取出冷藏一晚的枫丹白露。

19

小心地剥开纱布，将枫丹白露放置于容器中。

20

摆上新鲜水果和果酱即完成。

美·味·提·案

香茅苹果塔

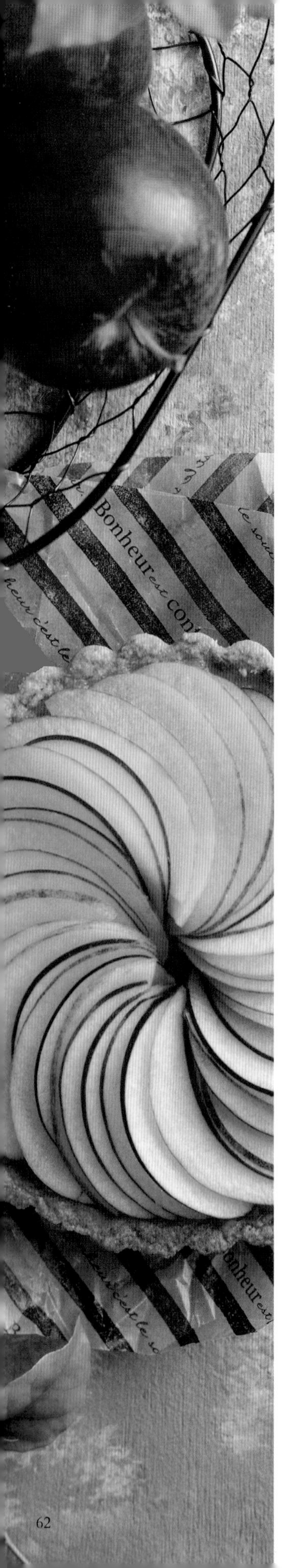

Recipe

材料

A

甜酥塔皮

- 低筋面粉……90g
- 无盐黄油……45g
- 杏仁粉……10g
- 盐……1小撮
- 糖粉……25g
- 鸡蛋……20g

B

杏仁奶油馅

- 无盐黄油……25g
- 糖粉……25g
- 鸡蛋……25g
- 杏仁粉……25g

C

- 香茅苹果果酱……100g
- 苹果……3颗

制作步骤

甜酥塔皮

1

将低筋面粉过筛，黄油切小丁，放在盆中冷藏待用。用刮板以切割方式，将黄油和低筋面粉混合成散沙状。

2

依序加入杏仁粉、盐、过筛后的糖粉混合均匀。

3

倒入全部蛋液。

4

以刮板压拌的方式先混合。

5

再以手压拌的方式混合成团。

6

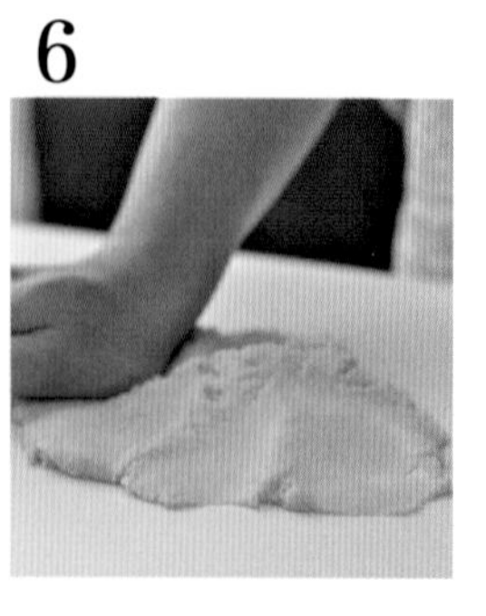

面团成团后，移至工作台，用手往四面八方推开，确定黄油和面粉混合均匀。✽此步骤不可过度搅拌，成团即可，否则会让派皮产生筋性，烘烤时容易回缩。

7

整成圆形后稍微压平，用保鲜膜包起，放入冰箱冷藏松弛30分钟。

8

拿出面团，去除保鲜膜，撒些许面粉，用擀面棍擀成3~5mm厚、比模具稍大的面皮。

9

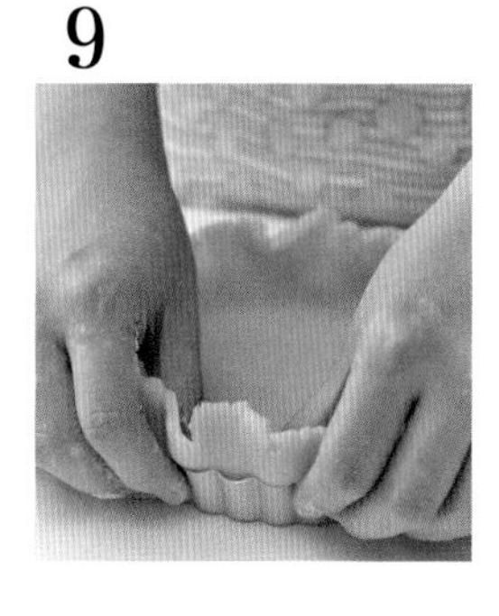

将塔皮放入菊花派模，用手轻压，让面皮紧贴塔模。

10

再以擀面棍擀去边缘多余的塔皮。

11

用叉子在底部戳洞。将塔皮冷冻变硬后，放入已热烤箱以上火180℃/下火180℃烤15~20分钟至底部稍微上色。❄ 若烘烤中发现塔皮膨胀，可使用叉子轻戳原有的孔洞，让空气排出。

12

黄油放置室温软化，搅拌成乳霜状。加入过筛糖粉，混合均匀。蛋液少量多次地加入黄油糊中，搅拌均匀。

13

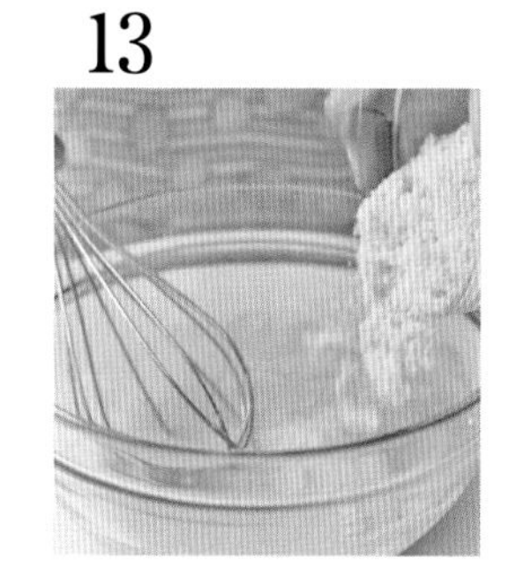

分次加入杏仁粉拌匀。

14

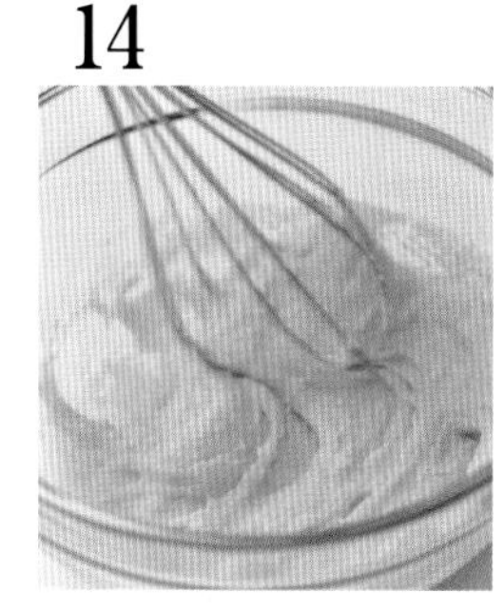

搅拌至光滑无结块。

15

将杏仁奶油馅挤入半烘烤的塔皮中。放入已热烤箱以上火160℃／下火160℃烘烤20分钟左右至杏仁奶油馅变硬即完成。

16

冷却好的塔，抹上香茅苹果果酱。

17

放上切成薄片的苹果装饰。❄ 苹果薄片切好后可泡水防止氧化变色。

18

可使用配方分量外的苹果酱加入适量热水调成果胶，刷在苹果片上防止变色。❄ 也可在苹果塔上撒适量肉桂粉，以上火160℃／下火160℃烘烤15分钟，让苹果片软化。

美·味·提·案

糙米麸果酱饼干

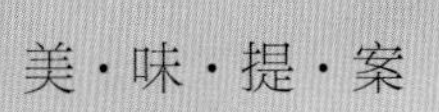

份量 直径 3cm 的小圆饼干块 ×20 片 保存期限 常温 5~7 天

材料

生杏仁粒……………………40g
糙米麸………………………120g
凤梨芒果酱………………50g
牛奶…………………………140g

制作步骤

1

生杏仁粒切碎备用。

2

将糙米麸、果酱和牛奶倒入盆中。

3

用橡皮刮刀混合所有材料。

4

再用手揉压成团。❇ 面团若太干，可再加入适量果酱或牛奶调整。

5

加入切碎杏仁粒揉匀。

6

移至工作台上整形。

7

整形成长条状。❇ 面糊较易碎裂，可用手稍微压紧。

8

用刮板切成1~1.5cm厚的小块，排入烤盘。放入已热烤箱以上火175℃／下火175℃烤20~25分钟。

小贴士

· 用糙米麸代替面粉，再加上天然坚果，米粉的口感Q弹，是可安心给小孩吃的健康点心。

美·味·提·案

英式司康

份量 直径 4cm 圆形 × 8 块　**保存期限** 常温 5~7 天

材料

A
- 低筋面粉……250g
- 无盐黄油……100g
- 无铝泡打粉……10g
- 糖粉……40g
- 盐……适量
- 鸡蛋……50g
- 牛奶……30g

B
- 蛋液……少许
- 果酱随意搭配……适量

制作步骤

1

低筋面粉过筛后和切成小块的黄油混合，冷藏备用。❇ 黄油从冰箱取出后须立即切碎并与面粉混合，不可用回温过久的黄油。

2

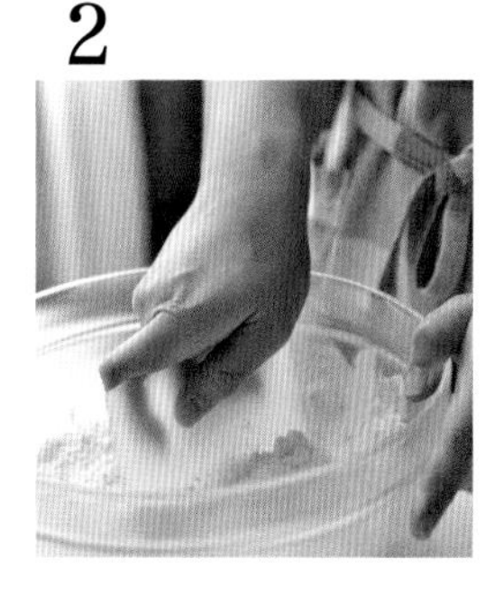

用刮板以切拌方式，将黄油和低筋面粉混合成散沙状。

3

加入过筛的泡打粉、糖粉和盐。

4

用刮板切拌成散沙状。

5

将鸡蛋和牛奶混合后，倒入面粉盆中。

6

用压拌的方式将蛋液和面粉混合。

7

慢慢压拌成团。

8

用手压揉，确定黄油和面粉混合均匀。❇ 面团不要过度搅拌，以免产生筋性，口感不膨松。

9

成团后移至工作台，撒上少许手粉防沾黏，再用擀面棍擀成1.5~2cm厚。

10

用压模或刮板切割成想要的形状。

11

在烤盘上铺一张烘焙纸，在面团表面刷上蛋液，放入已热烤箱以上火160℃／下火160℃烤18~20分钟（*12分钟时反转烤盘）。❇ 食用时可搭配各式果酱以及甜抹酱。

美·味·提·案

果酱生乳酪蛋糕

份量 5寸（直径约13cm）慕斯圈 × 1个　**保存期限** 冷藏5天

材料

A
- 消化饼干 80g
- 无盐黄油 40g

B
- 吉利丁粉 9g
- 冷水 30g
- 奶油奶酪 250g
- 细砂糖 40g
- 无糖酸奶 150g
- 柠檬汁 15g
- 果酱 80g

制作步骤

1

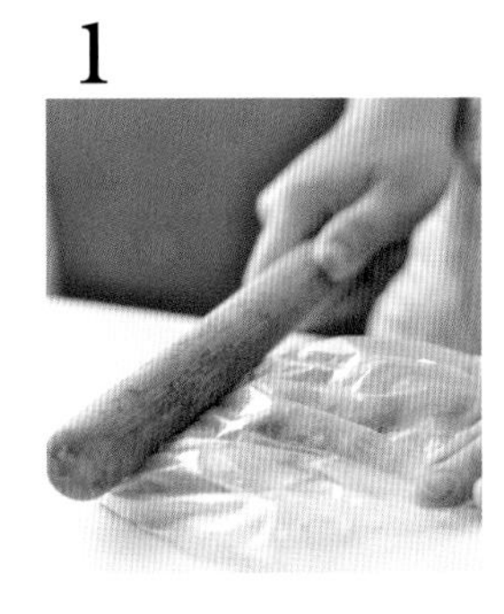

饼干装入塑料袋，用擀面棍压碎。

2

倒入熔化的黄油。❄ 黄油切成小丁，用微波炉或小火隔水加热熔化成液态。

3

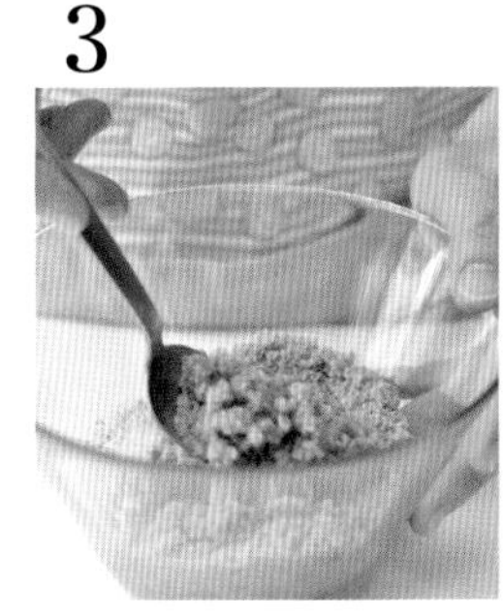

搅拌成湿润的饼干屑。

4

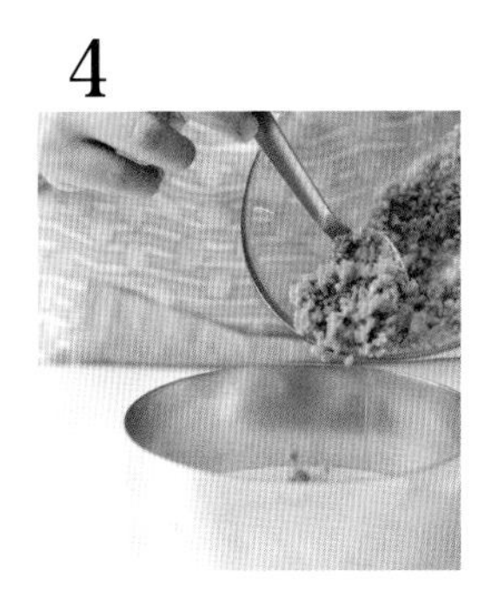

将饼干屑均匀地铺平于慕斯圈底部。❄ 慕斯圈底部铺保鲜膜或烘焙纸。

5

用汤匙背部仔细压实，冷藏备用。❄ 饼干压越细做出来的蛋糕底口感越佳。确保压至紧实，以免分切时松散。

6

将吉利丁粉倒入冷水中搅拌均匀。❄ 倒入吉利丁粉后须立即搅拌，否则会结成块、泡不开。

7

等5分钟，让吉利丁粉吸饱水分后再隔水加热熔化备用。

8

奶油奶酪隔水加热，用打蛋器打成柔滑状再加入砂糖搅拌均匀。❄ 注意不要加热过头，加热过头会使奶油奶酪太稀，破坏风味。

9

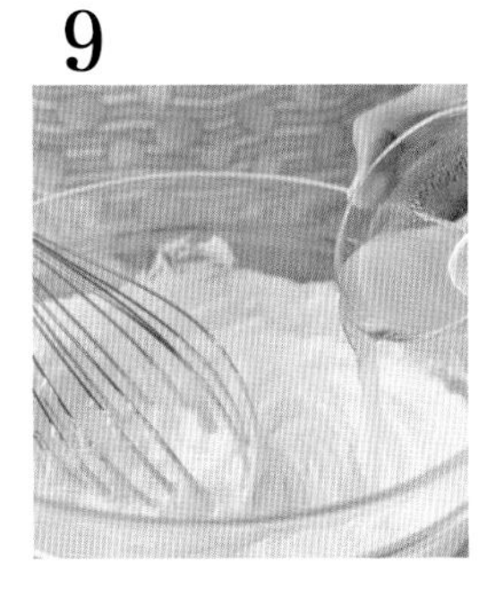

加入熔化的吉利丁。❄ 加入熔化的吉利丁液时，奶油奶酪应为室温或是微温的状态，以免吉利丁因温度太低而凝固。

10

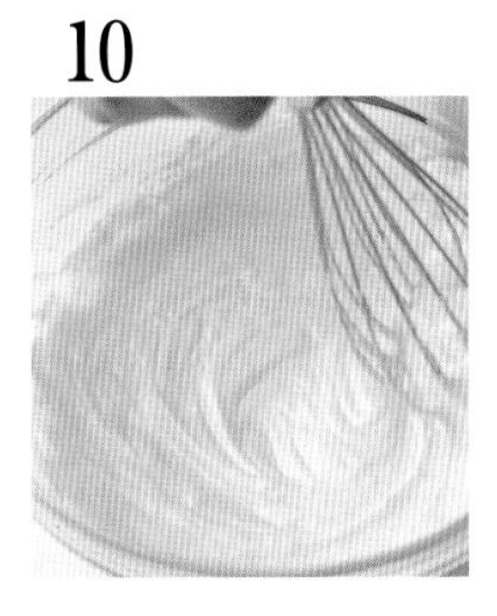

用打蛋器混合均匀。

11

再加入无糖酸奶。

12

用打蛋器混合均匀。

13

再加入柠檬汁，用打蛋器混合均匀。

14

拌匀后用筛网过筛。

15

再过筛一次让奶酪糊更顺滑。

16

加入60g的果酱。

17

将果酱和奶酪糊混合。

18

奶酪糊倒入放有饼干底的慕斯圈。

19

表面用剩余果酱装饰。放入冷藏凝固2~3小时，即可脱模。

小贴士

· 脱模时，可用吹风机沿着慕斯圈外圈吹送热风，或用热毛巾敷一下外圈，即可轻松地脱模。

美·味·提·案

凉夏水果气泡饮

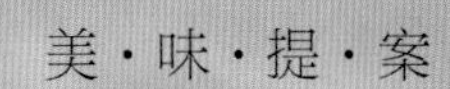

份量 2杯

材料

苹果……………………………1颗
芒果……………………………1颗
柳橙……………………………1颗
各式果酱……………………100g
气泡水………………………500ml
冰块…………………………100g

制作步骤

1

果酱放入杯中。✽可视甜度调整果酱分量。

2

放入适量洗净切丁的水果和冰块。✽水果可以随意替换。

3

倒入气泡水。

4

拌匀即可享用。

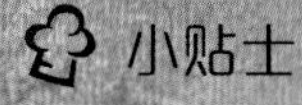

小贴士

· 若选用较黏稠的果酱，将果酱和适量热水调匀后再使用。

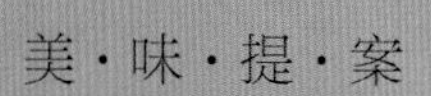

美·味·提·案

草莓大黄冰淇淋

份量 4人份 **保存期限** 冷冻1个月

材料

蛋黄……75g
细砂糖……80g
牛奶……200g
淡奶油……300g
草莓大黄果酱……100g

制作步骤

1

制作英式蛋奶酱。蛋黄放入大碗中加入细砂糖。

2

用打蛋器打发至稍微泛白。

3

牛奶、淡奶油倒入小锅中，开小火加热至锅边冒泡但还未沸腾的状态。将加热好的液体缓缓地冲入蛋黄糊中快速搅拌均匀。

4

再将混合好的蛋液倒回小锅中加热至78~82℃，并不断搅拌。

5

若没有温度计，就在蛋奶酱变浓稠后再转小火煮3分钟即可。

6

用筛子过筛后，隔冰水快速降温。❄拿筛网过滤出凝固的蛋黄块以及气泡，这样口感才会细腻。

7

倒入耐冻容器中放入冰箱冷冻，每一小时冰稍硬时使用手持搅拌棒搅拌均匀，再送入冰箱冷冻。

8

重复前一步骤3~5次让冰淇淋顺滑。❄否则冰淇淋会像冰块一样，变得很硬，口感不轻盈。

9

最后一次搅拌时加入果酱。

10

稍微拌匀再冷冻即完成。

小贴士

· 牛奶、淡奶油加热时，必须用中小火慢慢煮，不要煮沸，因为蛋黄温度若超过85℃，就会开始结块。

美·味·提·案

厚松饼

份量　直径10cm中空圆模×4~6片

材料

- 蛋黄……2颗
- 蜂蜜……20g
- 牛奶……100g
- 低筋面粉……130g
- 泡打粉……3g
- 植物油……20g
- 蛋白……2颗
- 细砂糖……25g

制作步骤

1

蛋黄放入大碗中，放入蜂蜜。

2

再放入牛奶。

3

用打蛋器混合均匀。

4

加入过筛低筋面粉和泡打粉。

5

搅拌成顺滑的面糊。

6

加入植物油。

7

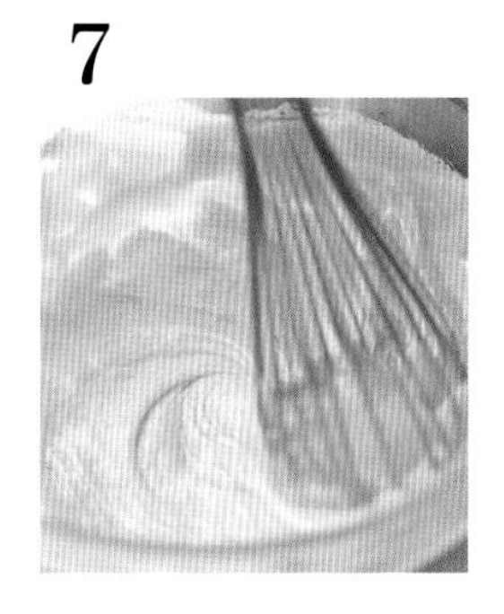

搅拌成顺滑均匀的面糊。

8

蛋白先用电动打蛋器打到产生泡沫。

9

将1/3的细砂糖加入蛋白中。

10

用打蛋器慢慢打发。

11

再陆续将剩余2/3的细砂糖分次加入蛋白中。

12

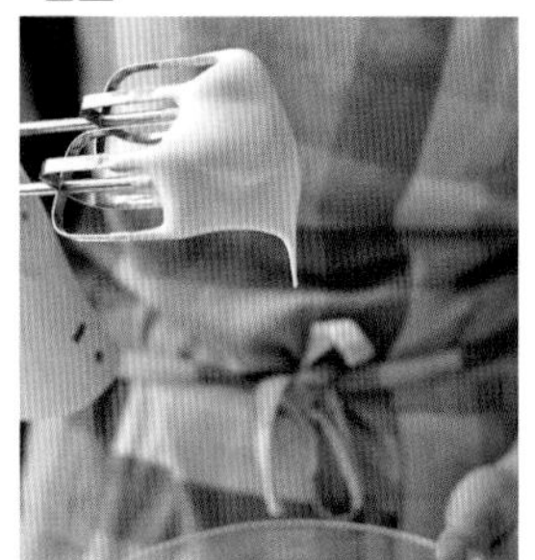

打成纹路清晰、提起打蛋器有小尖角的蛋白霜。❄ 切勿打到硬发，硬发蛋白容易产生结块，也较难混拌均匀。

13

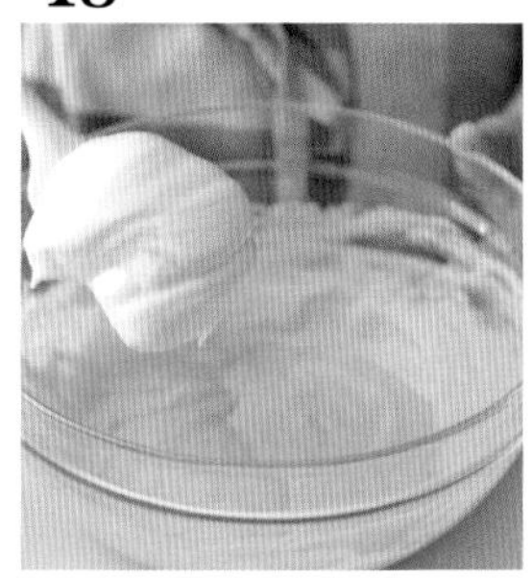

将部分蛋白霜加入蛋黄面糊。

14

用刮刀混合拌匀。

15

再将剩余蛋白霜全部加入蛋黄面糊中。

16

用刮刀翻拌均匀。

17

搅拌完成，静置30分钟。

18

平底锅中放一张烘焙纸以及烤模（模具上涂些黄油以方便脱模，如果是不粘模具可省略），倒入模具1/2高的面糊。❄ 若想要更漂亮的烤色，底部可以不放烤纸，让松饼均匀上色。

19

盖上锅盖，小火焖5分钟至表面稍微凝固。❄ 因为松饼较厚不易熟透，加盖可使温度更集中。

20

表面再盖上一张烤纸，拿一个盘子盖在松饼上，将整个锅子拿起倒扣，翻面煎熟即完成。食用时可搭配各式果酱或甜抹酱。❄ 测试松饼是否煎熟，可拿一把刀子或是竹签，插入松饼内，无液体沾黏即为煎熟。

美·味·提·案

玫瑰荔枝晶冻

Recipe

份量 100ml 果冻杯 ×6 个　**保存期限** 冷藏 5 天

材料

冷水……450g
吉利丁粉……15g
玫瑰荔枝果酱……100g
玫瑰花瓣……3g
荔枝……6颗

小贴士

· 吉利丁粉和液体拌匀时一定要将吉利丁粉倒入液体中，不能将液体倒入吉利丁粉中，否则会使得吉利丁粉不好搅拌。
· 吉利丁液开始降温之后，在室温下就会开始凝结。

制作步骤

1

冷水和吉利丁粉用打蛋器搅拌均匀，倒入锅中加热至吉利丁粉完全溶化。

2

加入果酱拌匀。

3

再加入玫瑰花瓣拌匀。

4

果冻杯中放入1颗去核荔枝，待【步骤3】稍微降温后，倒入果冻杯中。放入冰箱冷藏凝固即完成。

美·味·提·案

果酱杯子蛋糕

份量 100ml 马芬杯 × 6 个　**保存期限** 常温 5~7 天

材料

无盐黄油……………………70g
细砂糖………………………40g
盐……………………………1g
鸡蛋…………………………50g
低筋面粉……………………100g
无铝泡打粉…………………3g
牛奶…………………………50g
果酱…………………………40g

制作步骤

1

黄油放置室温软化后用打蛋器搅拌成乳霜状。加入细砂糖、盐。

2

用打蛋器搅拌均匀。

3

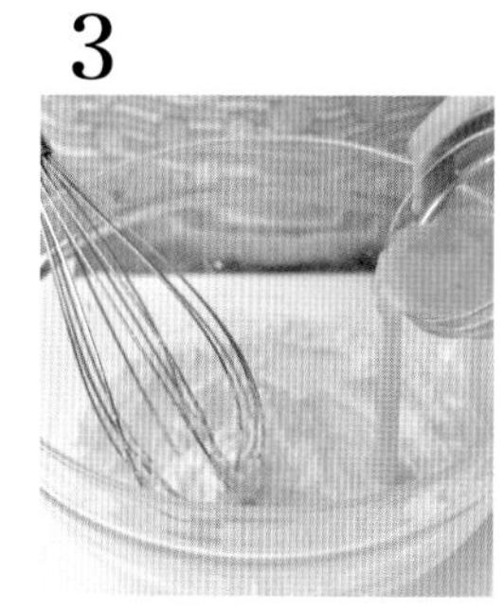

鸡蛋打散后，分次加入黄油糊中，用打蛋器混合均匀。❇ 鸡蛋应保持室温，分次少量地加入，每次都充分混合搅拌。

4

低筋面粉和泡打粉事先过筛好，取一半倒入黄油糊中，用刮刀拌匀。

5

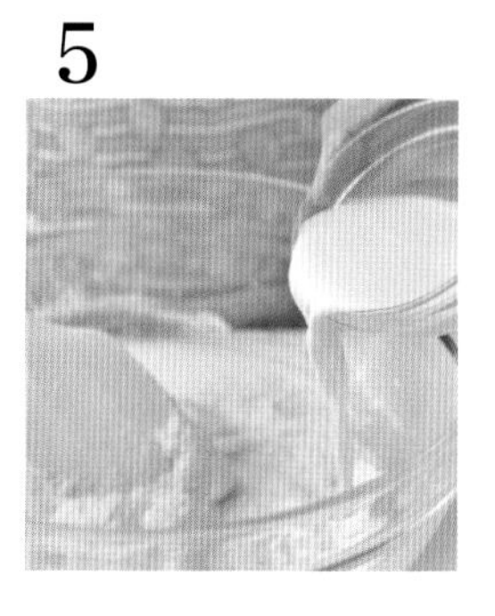

再加入一半的牛奶拌匀。

6

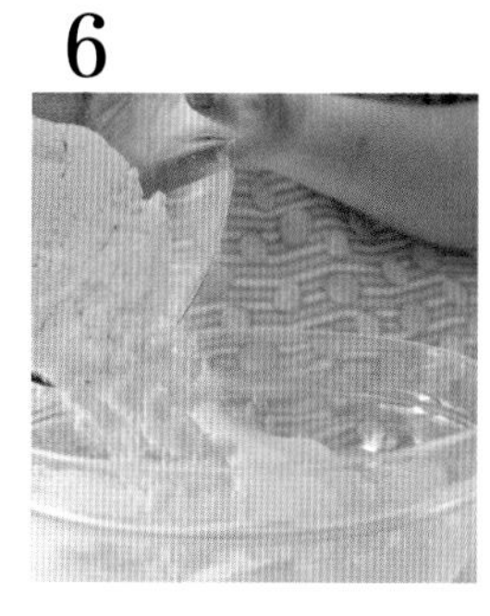

将剩余的粉类拌入面糊。

7

搅拌均匀后再加入剩余牛奶。

8

混合成顺滑的面糊。❇ 搅拌至没有粉粒即可，不要过度搅拌。

9

将果酱加入面糊中。

10

大致搅拌成大理石纹即可。

11

将蛋糕糊舀入杯子模中至八分满。放入已热烤箱以上火180℃/下火180℃烘烤15分钟，再反转烤盘烘烤5分钟。❇ 拿竹签戳入蛋糕中间，拔起时无沾黏面糊即为烤熟。

美·味·提·案

焦糖香蕉可丽饼

份量 4片

材料

A
- 低筋面粉..................50g
- 盐............................1g
- 鸡蛋.........................1颗
- 牛奶.........................100g
- 熔化黄油..................10g

B
- 香蕉.........................1根
- 细砂糖.....................适量
- 焦糖香蕉果酱..........2大匙

制作步骤

1

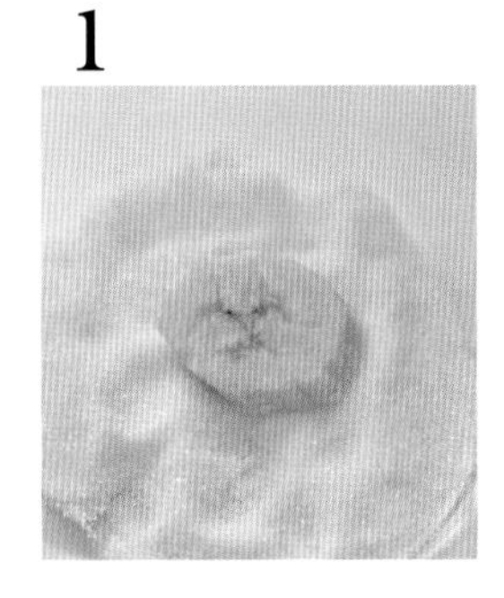

香蕉切片，切面沾上细砂糖。

2

放入平底锅煎到砂糖熔化成焦糖，备用。❇ 建议香蕉可以选硬一点的，并切厚块。煎的时候才不会因为太软而散开。

3

将面粉和盐过筛。

4

加入鸡蛋用打蛋器搅拌成糊状。

5

再慢慢地加入牛奶混合均匀。

6

最后加入熔化黄油混合。❇ 拌合可丽饼材料时，动作要轻柔快速，不要过度搅拌，以免饼皮产生筋性。

7

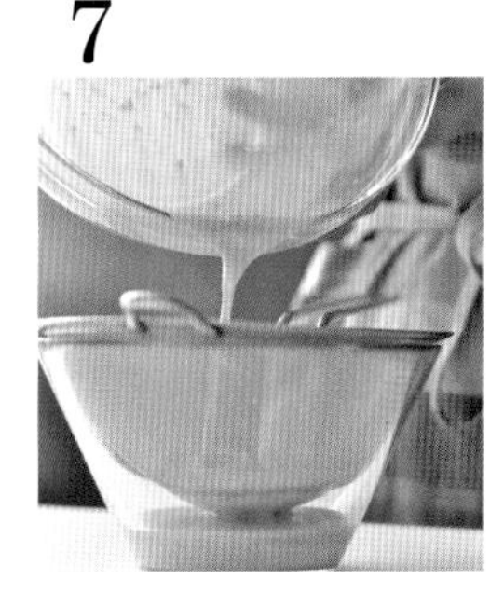

面糊搅拌完成后，过筛去除面粉颗粒，静置室温30分钟后再煎。

8

平底锅抹上少许油。

9

加热后将面糊倒入。

10

快速晃动锅子使面糊均匀摊成薄圆形。

11

小火慢煎，翻面煎至两面饼皮略微金黄。煎熟后，将饼皮对折再对折，放入盘中，放上焦糖香蕉以及果酱即完成。

美味提案

香料甜番茄披萨

份量 约6寸（直径约15cm）×4片

材料

A

薄饼面团

高筋面粉..........250g

（或意大利00面粉）

低筋面粉..........100g

盐......................5g

温水..................170g

即溶酵母..........3g

橄榄油..............30g

B

香料番茄果酱...每片2大匙

马苏里拉芝士...每片30~50g

制作步骤

1

即溶酵母和温水拌匀，再加入橄榄油拌匀。

2

盆中放入面粉和盐，倒入酵母液。

3

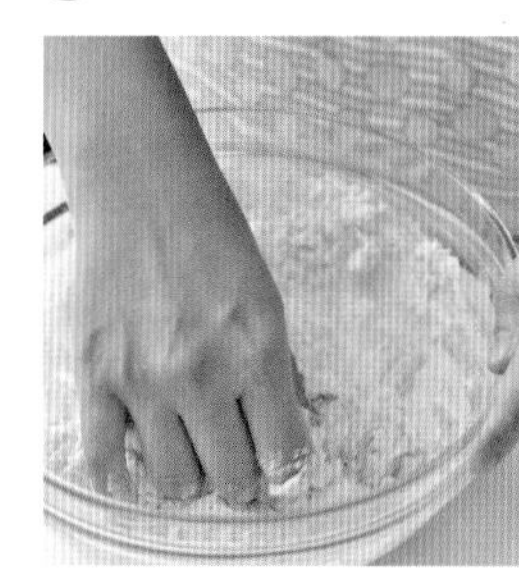

先用手指搅拌成团。

4

将面团移至工作台上用手搓揉。

5

用手揉5~10分钟至面团表面光滑，放回盆中。盖上保鲜膜，在温暖的地方发酵成两倍大。夏天发酵20~30分钟，冬天约45分钟。

6

发酵完成后，取出面团放在工作台上。拍出空气，用刮板切成4等份。

7

每份再滚圆。

8

稍微松弛5~10分钟。

9

用擀面棍将面团擀成圆片。❇ 饼皮有筋性，所以要花点时间把饼皮擀开来，厚薄自己决定。

10

抹上果酱。

11

撒上芝士丝，放入已预热烤箱以上火220℃/下火220℃烘烤15分钟左右。烤好后可撒上迷迭香等香料食用。❇ 面团若没使用完，可用塑料袋包紧，放入冰箱冷藏保存约3天。

美·味·提·案

果风花园沙拉

份量 4人份

材料

罗马生菜............1颗
甜椒...................1/2颗
小黄瓜...............1条
小番茄...............6颗
面包丁...............若干
帕玛森芝士粉.....适量
食用花...............数朵

果风油醋酱

玫瑰水梨果酱...20g
水果醋.............50g
橄榄油.............20g
盐......................适量
黑胡椒.............适量

事先准备

· 蔬菜洗净，用冷开水再洗一次，沥干水分。罗马生菜切大块，甜椒切小块，小黄瓜切片、小番茄切半备用。

制作步骤

1

将果酱和水果醋用打蛋器搅拌均匀。

2

缓缓倒入橄榄油搅拌成乳霜状。❇ 油醋酱可放置于玻璃罐中保存1周。

3

再加入盐和黑胡椒调味。将切好的蔬菜放入大碗，淋上油醋酱混合后盛入盘中。撒上面包丁、芝士粉，再用食用花装饰。

小贴士

可食用的花卉，如石竹、天使蔷薇、夏堇、菊花、蝶豆花等，色泽艳丽，有着特殊香气，也带有各种风味，能为精致料理增添画龙点睛的盘饰效果。

第2章

抹酱篇

果酱是将多汁水果的清爽美味封存而成，
抹酱则主要是以天然油脂为基底制成。
抹酱口味咸甜皆有，
可用来抹、蘸、夹、烤，
做成三明治、点心、料理……
按照本章配方，只需简单的步骤，
就能做出意想不到的美味，颠覆你对抹酱的想象。

焦化洋葱抹酱

蔬果酱不仅能用来涂面包，也能搭配其他食材，让料理更多元。
这款由洋葱炒制的抹酱，滋味咸香，
搭配各种食材，健康又美味，也是法式洋葱汤的基本元素。

材料

洋葱……………………………6颗
无盐黄油……………………30g
植物油………………………10g
盐………………………………1小匙

保存方式 冷藏

赏味期 1周

制作步骤

1

洋葱去头尾、洗净，剥去外皮，顺纹理切成细丝，并把它剥松，下锅才易炒开。

2

锅中倒入无盐黄油和植物油加热。❇ 纯黄油容易炒焦，加点植物油可以避免黄油烧焦。

3

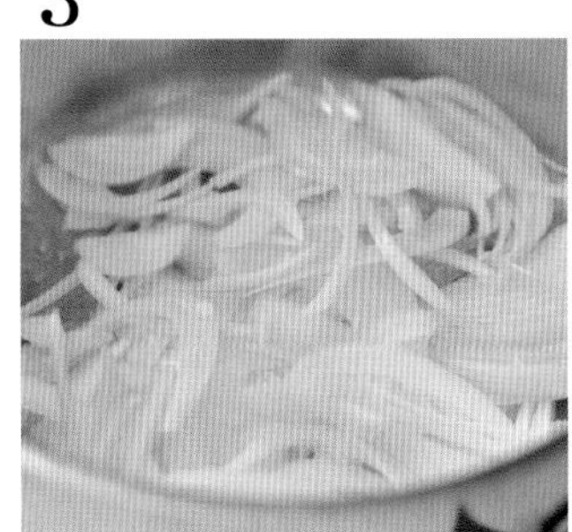

黄油熔化后，放入约1颗量的洋葱丝拌炒。

4

慢慢炒至洋葱丝软化、变色。

5

再加入更多洋葱。

6

慢慢地炒至全部洋葱丝软化、变色。

7

洋葱丝炒至焦糖化。

8

再用少许盐调味。

9

隔冰水将洋葱抹酱降温，放入密封罐中冷藏保存。

小贴士

· 顾着锅子小心翻炒，重点是要颜色均匀且不能炒焦，要记得注意锅边焦黄部分。

HANDMADE SAUCE

香料胡椒黄油

自己在家做黄油抹酱其实很简单，
可随个人喜好加入意大利综合香料、红辣椒粉、柑橘皮等，做出不同口味变化，
拿来抹厚片吐司、贝果、法国面包都很适合。

材料

无盐黄油……………………100g
黄柠檬皮……………………1/2颗
粗磨黑胡椒粉……………1小匙
海盐…………………………1小撮

新鲜迷迭香1支或干燥迷迭香1大匙
新鲜百里香3支或干燥百里香1小匙

保存方式 冷冻 / 冷藏

赏味期 冷冻 2 个月 / 冷藏 2 周

制作步骤 

1

黄油放置室温软化，放入玻璃盆中压软。

2

黄柠檬洗净后阴干或者用纸巾把水吸干，用刨刀轻轻地刨下表皮加入盆中。❇ 不要刨下白色皮膜，白色皮膜会苦。

3

迷迭香洗净后阴干或者用纸巾把水吸干。用一只手抓着梗，另一只手顺着梗部往下拉，取下迷迭香细叶加入。

4

加入粗磨黑胡椒粉、百里香、海盐。

5

用刮刀将所有材料充分混合均匀。

6

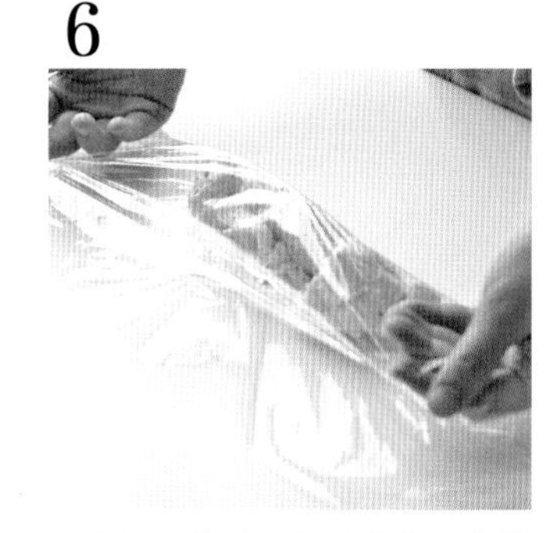

混合好的黄油用保鲜膜卷成条状包起。

7

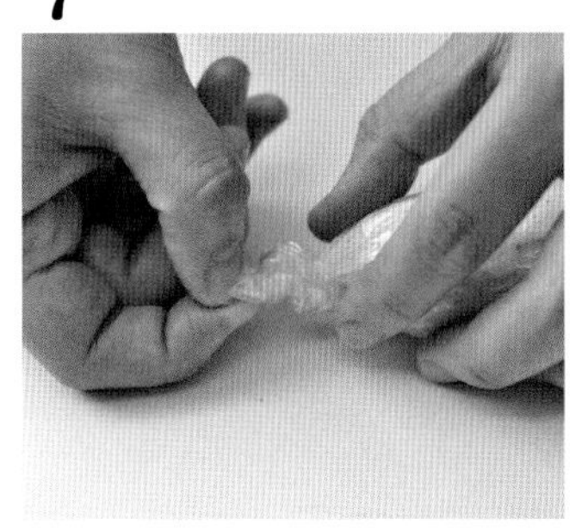

两端打结固定。

8

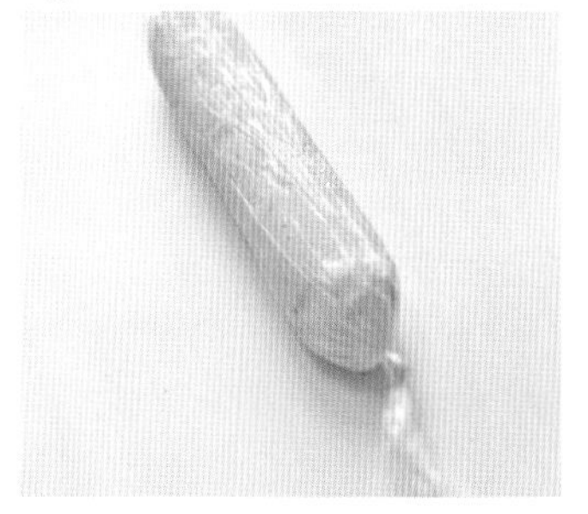

放入冰箱冷藏定型。

小贴士

· 如果使用新鲜百里香，也是用同迷迭香一样的方式取下百里香叶。
· 也可装入裱花袋中挤出一颗颗的造型，再放入冰箱冷藏定型，使用起来也很方便。

HANDMADE SAUCE

万用罗勒酱

很方便快速就能完成的抹酱，不需熬煮的步骤，
简单地将材料拌匀就可以品尝经典的滋味，
香气浓郁，沾面包、拌意大利面都好吃。

材料

罗勒或九层塔……………300g
蒜头……………………………5瓣
烘烤过的松子……………50g
帕玛森芝士碎……………50g
冷压初榨橄榄油…………150~200ml

保存方式 冷藏

赏味期 1周

制作步骤

1

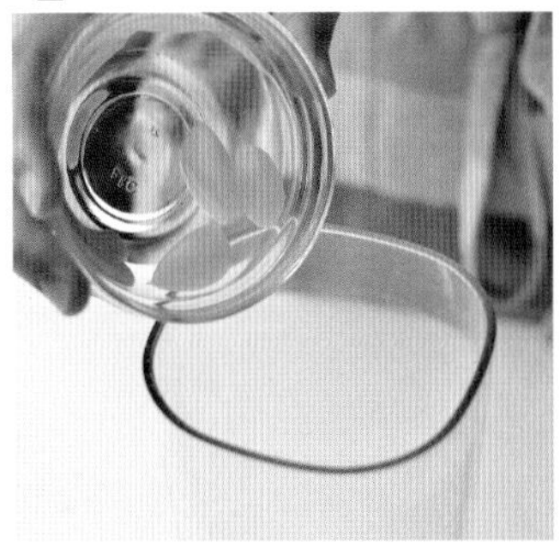

蒜头洗净，去头、去尾，剥去外皮，放入搅拌机。

2

加入橄榄油。

3

加入少许罗勒叶。

4

用搅拌机以高速打成泥。

5

陆续加入剩余罗勒。

6

加入少许松子。

7

加入帕玛森芝士碎。❇ 若觉得不够咸，也可再加入更多芝士粉调味。

8

用搅拌机以高速打成泥。❇ 在越短的时间内完成越能保持绿色。

9

放入已用热水消毒并烘干的玻璃瓶保存。❇ 罐装冷藏的青酱可以用橄榄油油封，避免表面氧化变色。

HANDMADE SAUCE

番茄莎莎酱

适合夏天食用的万用莎莎酱，以番茄、洋葱为基底，
酸中带点甜，可以当佐餐配菜，也可以当脆饼沾酱，
或是搭配法国面包、卷进墨西哥饼皮里，都是不错的选择。

材料

牛番茄……………………3颗
蒜头………………………1瓣
洋葱………………………1/2颗
小黄瓜……………………2条
柠檬汁……………………1~2颗
橄榄油……………………适量
盐…………………………适量
香菜………………………1小把

保存方式 冷藏

赏味期 3天

份　量 6人份

制作步骤

1

牛番茄底部画十字，放入沸水中烫30秒。捞出后立刻放入冰水中冰镇。

2

再把皮剥除。

3

先挖除籽后再切丁。❇ 也可不去籽，但做出的莎莎酱水分会比较多。

4

小黄瓜洗净擦干，去头尾，分切后去瓜瓤、切丁。

5

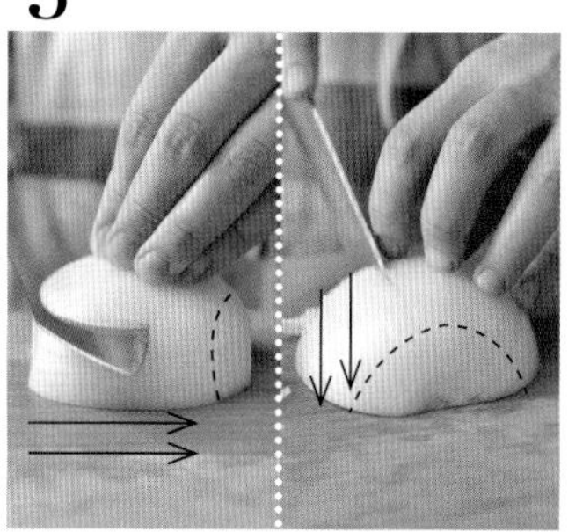

洋葱去头尾，去皮，对半切，切面朝下放好。先用刀水平切多层，但不切断（到图中虚线停止）；再将虚线部分转向朝外，在洋葱上竖直切多刀，同样不要切到虚线部分。

6

再将虚线部分转向非持刀手，再在洋葱上竖直切多刀，就能轻松将洋葱切末。

7

蒜头洗净，去头尾、剥去外皮，切末，再用刀压成更细的碎末。

8

将所有材料放入盆中，加入柠檬汁、橄榄油、盐调味。❇ 可加入数滴Tabasco（塔巴斯科辣酱）增添辣味。

9

拌匀所有材料，香菜叶洗净拨散后立即加入混合。

薄荷酸奶酱

超简单美味的薄荷酸奶，
在天气炎热的夏日，
最适合搭配冰冰凉凉的开胃前菜，
也可以准备玉米片或苏打饼干蘸食，混搭风味是夏天必备。

材料

无糖酸奶........................150g
薄荷叶............................1把
柠檬皮............................1颗
蜂蜜...............................30g

保存方式 冷藏

赏 味 期 3天

制作步骤 

1

薄荷叶洗净后阴干或者用纸巾把水吸干。❇ 也可以用茴香来替代薄荷叶。新鲜茴香有着特殊香气，若觉得味道太重，可先用热水煮过再沥干使用。

2

无糖酸奶放入大碗中，加入蜂蜜。❇ 酸奶可选购质感硬一点的，若是没有，可倒到纱布上沥除些许水分后使用。

3

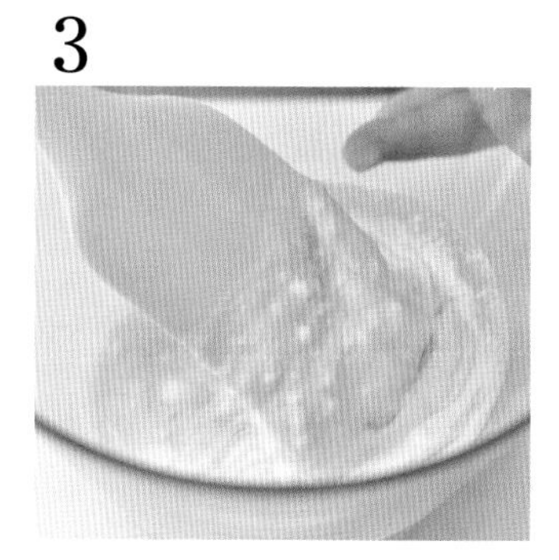

用刮刀搅拌均匀。

4

黄柠檬用刨刀轻轻地刨下表皮，加入【步骤3】拌匀。❇ 注意不要刨下白色皮膜，白色皮膜会苦。

5

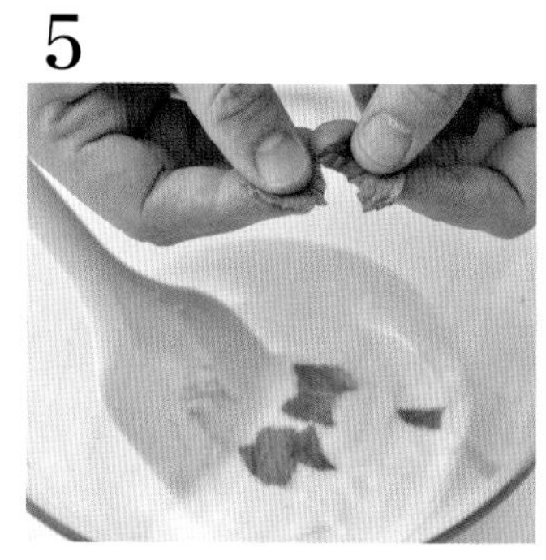

将薄荷叶粗切或撕碎。

6

加入拌匀即可。

HANDMADE SAUCE

柠檬虾夷葱乳酪抹酱

浓郁的乳酪抹酱，带有微咸的芝士味及虾夷葱味，
味道却不腻，应用范围也很广，
简单地夹进苏打饼干，
或是涂抹在面包上，就让人超有幸福感！

材料

柠檬……………………1颗
虾夷葱……………………1小把
奶油奶酪……………………100g
盐……………………适量
黑胡椒……………………适量

保存方式 冷藏

赏味期 5~7天

制作步骤 

1

柠檬洗净，对半切、榨汁。虾夷葱洗净后阴干或者用纸巾把水吸干，切葱花。❇ 若无虾夷葱也可使用一般青葱取代。

2

奶油奶酪放置室温软化，用橡皮刮刀压软。

3

加入适量柠檬汁。

4

加入盐和胡椒粉调味。

5

加入虾夷葱。

6

将所有材料拌匀即可。

荷兰酱

荷兰酱是五大法式酱料之一，
结合蛋黄和油脂，
调入酸、咸、辣味，
一起乳化成有浓度的酱，奶香浓郁、微酸，
还可以延伸变化，
加入酸奶油、芥末等，带出不同的口味，是一款很有潜力的基本酱汁。

材料

蛋黄	2颗	盐	适量
无盐黄油	80g	黑胡椒	适量
白酒醋或柠檬汁	1大匙	卡宴辣椒粉	适量

保存方式 冷藏

赏味期 1周

制作步骤

1

无盐黄油以小火隔水加热熔化。

2

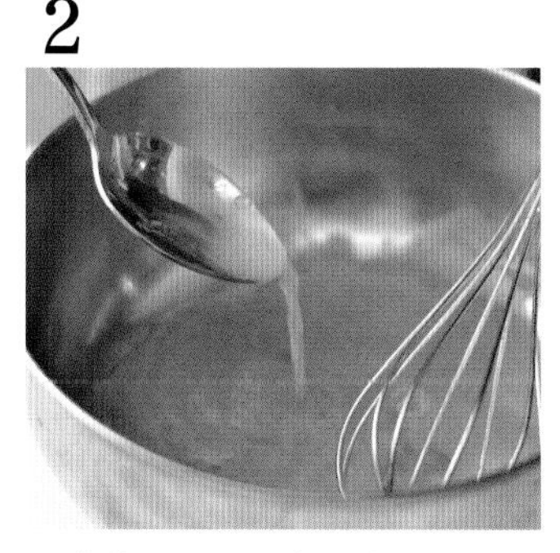

蛋黄放入耐热的容器中，加入柠檬汁。

3

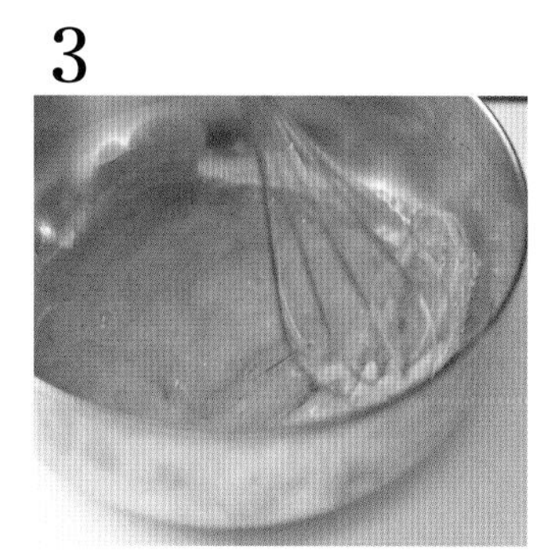

用打蛋器搅拌均匀之后隔水加热。❇ 注意水温不要过高，不然蛋黄会熟。

4

分次缓缓加入熔化黄油，持续搅拌让蛋黄和黄油乳化。❇ 黄油要分次加入，每次都要快速地搅拌，让黄油和蛋黄充分乳化。随着加入的黄油变多，蛋黄酱会越来越浓稠，若一次加入过多黄油或搅拌不完全，很容易油水分离。加热时也要注意温度，觉得快过热时可以把锅子离火继续搅拌。

5

黄油全部加完后，搅拌成浓稠的酱汁。

6

再加入适量盐、黑胡椒、卡宴辣椒粉调味拌匀即可。

卡宴辣椒粉

辣味重的正红色香料，是墨西哥美食和印度料理很常用的香料。

小贴士

荷兰酱也被称为多种欧式酱料的"母酱"，亦为五大法式酱料之一。以下为常见的变化酱料。

Béarnaise Sauce（法式伯那西酱）：荷兰酱最常见的衍生酱料。使用浓缩过的醋取代柠檬汁再添加红葱头(shallot)、龙蒿(tarragon)、细叶芹(chervil)、胡椒粉做成的酱料，常搭配牛排和鱼肉食用。它又可变化出其他酱料，如下面的Choron、Foyot、Palotse酱汁。

Sauce Choron（修隆酱汁）：在法式伯那西酱中加入番茄糊。法国名厨Paul Bocuse的经典名菜LOUP EN CROÛTE, SAUCE CHORON就是使用鲈鱼搭配修隆酱汁。

Sauce Foyot：在伯那西酱中加入浓缩过的肉汁。

Sauce Paloise：伯那西酱中的龙蒿以薄荷替代。

Sauce au Vin Blanc：在荷兰酱中加入浓缩过的白酒以及鱼高汤。

Sauce Bavaroise：加入淡奶油、辣根酱和百里香。

Sauce Dijon：加入传统法式Dijon芥末的荷兰酱汁。

HANDMADE SAUCE

红椒茄子抹酱

早餐吃腻了只涂果酱的面包、吐司了吗？不妨动手做一款咸味抹酱。
这款可以同时品尝不同风味及口感的抹酱，
口感清爽、风味香醇，能让早餐更有变化。

材料

茄子或大圆茄……4~6条或2个
红甜椒……1颗
盐……适量
橄榄油……适量
欧芹……1小撮

保存方式 冷藏

赏味期 3~5天

制作步骤

1

茄子洗净，去蒂头、对半切，肉面用刀划出格状，淋上橄榄油。

2

放入锅中，小火煎熟。❇ 或是放入已预热烤箱以上火160℃／下火160℃烤15分钟至茄子完全烤熟。

3

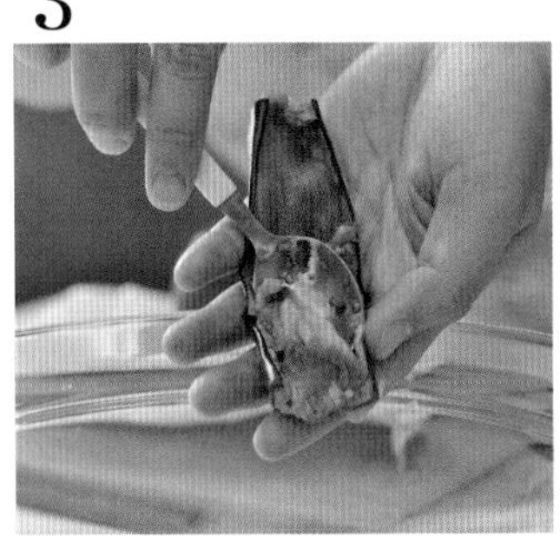

茄子煎熟后取出略放凉，用汤匙取出茄肉。

4

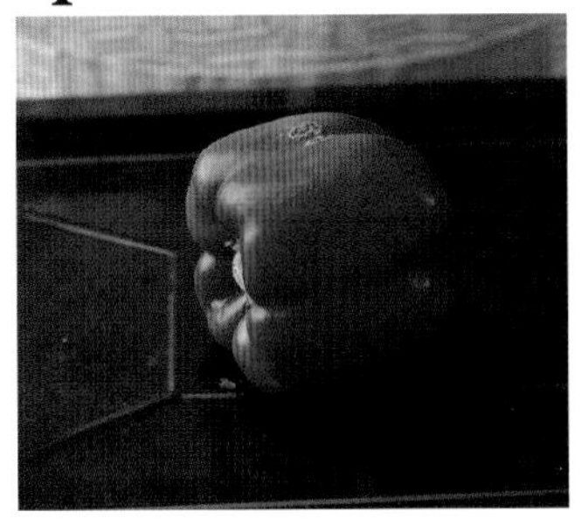

红甜椒用喷枪烧烤至椒皮有焦黑颜色。❇ 或用长叉戳稳，用煤气灶的炉火烧烤至表面焦黑。

5

用保鲜膜包起，放置10分钟后将保鲜膜剥除，洗去红甜椒焦黑的皮，拭干。

6

红甜椒去蒂头、去籽，再切碎。

7

茄肉和红甜椒装入拌盆中，加入适量橄榄油、盐调味。

8

用汤匙压成泥。

9

欧芹洗净、切末，撒入【步骤8】中拌匀增色。

说柠檬奶蛋酱是甜点的百搭单品最适合不过了，
集合蛋、柠檬汁、糖和无盐黄油这些简单的食材加热煮熟后就可以完成，
无论是当派的内馅，还是抹吐司、司康，都很令人惊艳。

材料

柠檬汁............................60g
细砂糖............................70g
鸡蛋...............................50g
盐...................................1小撮
无盐黄油（冰）............25g

保存方式 冷藏

赏 味 期 1周

制作步骤

1

蛋打入碗中先打匀。

2

加入细砂糖打匀。

3

再加入柠檬汁和盐。

4

全部拌匀。

5

蛋液移入小锅中。

6

开小火用打蛋器不停搅拌至浓稠。❇注意用小火，避免烧焦。

7

加入黄油持续搅拌。

8

当黄油完全熔化且蛋奶酱即将煮沸时，离火降温，过筛冷却。❇蛋奶酱呈现糊状即完成，切勿煮至滚沸。

小贴士

· 完成的柠檬蛋奶酱应尽快放凉（可以隔冰水降温），装到消毒干净的玻璃罐里，然后再放置冰箱保存。

HANDMADE SAUCE

太妃糖核桃抹酱

浓浓奶香加上营养核桃的香脆口感，
微甜、不腻，将它淋在冰淇淋上，或是配松饼，
简单准备一下就能做成美味的小点心，小孩子也爱吃。

材料

核桃……………………………50g
细砂糖…………………………150g
水………………………………80g
淡奶油…………………………200g

保存方式 冷藏

赏味期 1周

事先准备

· 核桃放入已预热烤箱，以上火160℃／下火160℃烘烤15分钟，产生香气后即可取出，可稍微切碎再加入。

制作步骤

1

淡奶油小火加热煮沸后，保温备用。

2

小锅中放入细砂糖和水。

3

开大火熬煮糖浆。

4

当糖浆出现金黄色后，转中小火、慢慢地加热至糖浆呈琥珀色（约160℃）。❇ 当糖浆呈咖啡色即可熄火，煮过头的话会有苦味。

5

关火，小心地倒入热淡奶油。

6

快速地用打蛋器搅拌。

7

开火回煮至抹酱收稠，可滴一滴在桌面冷却，再用手测试黏性。

8

抹酱达到想要的浓度后，加入烤熟的核桃拌匀。

小贴士

· 煮好的焦糖温度非常高，加入淡奶油时会有沸腾蒸汽，小心不要被烫到。因此选用锅身较高的锅子，能减少喷溅溢出。

伯爵奶茶抹酱

有浓郁茶香的奶茶抹酱，
搭配着简单的吐司或面包就让人觉得幸福，
除了当抹酱，发挥巧思拿来做甜点也是不错的选择。

材料

牛奶……………………………200g
动物性淡奶油……………150g
细砂糖………………………30g
伯爵茶包……………………2包

保存方式 冷藏

赏 味 期 2周

制作步骤

1

牛奶放入锅中，加入动物性淡奶油。

2

加入细砂糖。

3

搅拌均匀后开火煮沸。

4

拆开茶包，倒入茶叶粉。❇ 伯爵茶包剪开倒出茶叶，也可直接使用伯爵茶叶。

5

慢慢搅拌让水分蒸发变浓稠。❇ 搅拌时要刮到锅底，以免底部烧焦。

6

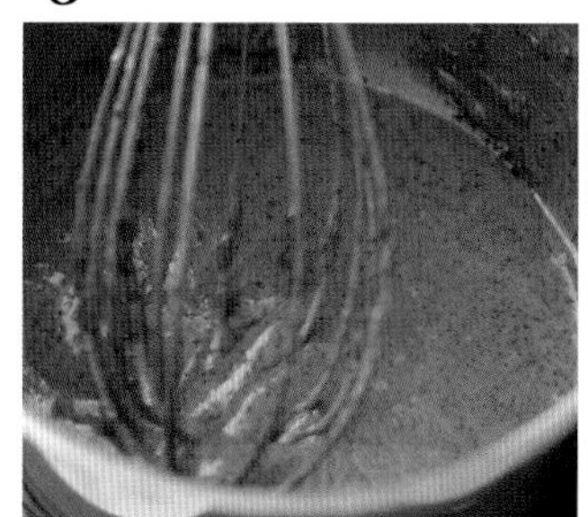

当奶茶液收干约1/3的量时，滴一滴到冰水中测试，达到想要的浓稠度即关火，趁热装入杀菌好的瓶中，之后倒扣放凉让空气排出，呈真空状态。

小贴士

· 伯爵茶最适合做这款酱，但如果没有的话也可用一般红茶茶包代替。
· 完成的抹酱冷却后呈现牛奶糖状的稠度，视锅子的导热性决定熬煮时间的长短，诀窍就是不断地搅拌还有耐心地等候。

HANDMADE SAUCE

榛果巧克力抹酱

巧克力和榛果搭配的经典抹酱，常在许多精致的点心中被活用。
搭配简单的吐司或面包，在家就能轻松享用真材实料的美味，
嘴馋时，搭配饼干或其他甜点，美味指数马上破表。

材料

58%调温巧克力……50g
淡奶油……80g
无盐黄油……10g
榛果粒……15g

保存方式 冷藏

赏味期 2周

制作步骤

1

榛果粒放入已热烤箱，以上火160℃／下火160℃烘烤15分钟至香气产生。取出后放凉切碎。

2

将淡奶油放入锅中煮沸。

3

将煮沸的淡奶油慢慢地倒入放置巧克力的耐热碗中。

4

用打蛋器快速地搅拌均匀。

5

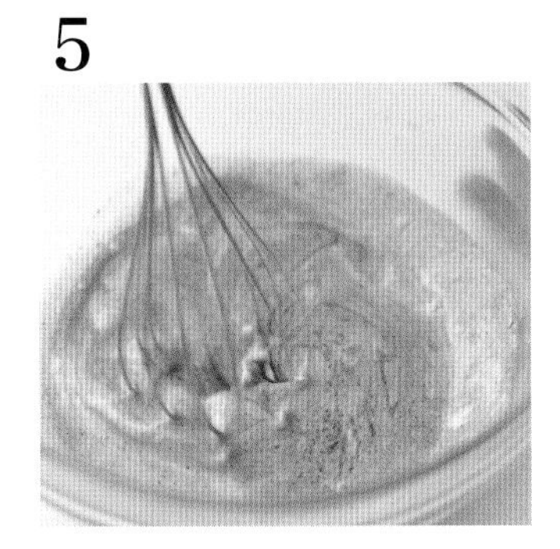

搅拌至巧克力完全融化，与淡奶油完全融合均匀。

6

分次加入室温软化的无盐黄油搅拌均匀。

7

最后拌入碎榛果粒。

8

搅拌均匀即完成。

小贴士

·【步骤3】热淡奶油倒入容器后，可以先静置30秒，让足够的热度使巧克力快速融化；如太快搅拌，热度流失较快。如果热度不够了，可隔水加热或倒入锅中小火加热。

蜂蜜香菜牛油果抹酱

牛油果既健康又美味，利用其天然的油脂来做抹酱，
营养丰富又清爽，很适合做早晨吐司抹酱，
简单地搭配薄饼皮也很好吃，是将牛油果纳入饮食的绝佳方式。

材料

牛油果……1颗
柠檬汁……1大匙
蜂蜜……2大匙
红椒粉……适量
香菜……1小把

保存方式 冷藏

赏味期 3~5天

制作步骤

1

牛油果用刀沿着外围划一圈后，双手握住，旋转分半。

2

用刀切入果核、旋转，顺势取出果核。

3

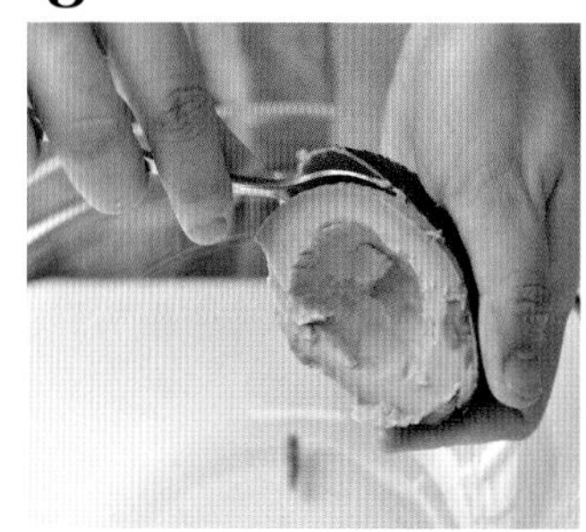

用汤匙沿着果皮，挖出牛油果肉。

4

快速地将牛油果用叉子压成泥。

5

加入柠檬汁拌匀，防止氧化变色。❇ 柠檬汁除了用于调味增加香气，也可以防止牛油果变黑。

6

再加入蜂蜜。

7

用叉子拌匀。

8

加入红椒粉调味，完成后可加入适量香菜提味。❇ 红椒粉、香菜依个人喜好可加可不加。

小贴士

· 牛油果要选较成熟的，果肉软绵，处理起来较不费力，风味也较佳，可在大型超市买到。

塔塔酱

以美乃滋为基底，加入不同配料做成的塔塔酱，
可以直接当作生菜沙拉的沙拉酱，
也可以放在三明治中做夹心馅料，
另外，与海鲜或其他炸物一起搭配也是很好的组合。
可依个人口味调制成不同比例，做出个人风格。

材料

保存方式 冷藏

赏味期 5~7天

A

美乃滋

蛋黄……….1颗

白酒醋……1大匙

细砂糖……1小匙

蔬菜油……150g

柠檬汁……1大匙

盐…………..1小撮

B

塔塔酱

美乃滋……100g

黄芥末酱..1小匙

酸黄瓜……数条

洋葱……….1/4个

柠檬汁……适量

制作步骤

1

蛋黄、白酒醋还有细砂糖用打蛋器打发。

2

加1大匙蔬菜油搅拌。

3

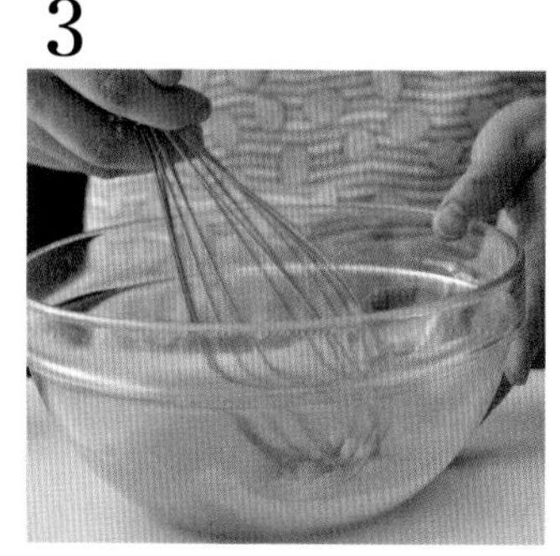

再加1大匙蔬菜油搅拌，每次都要均匀地搅拌至乳化。

4

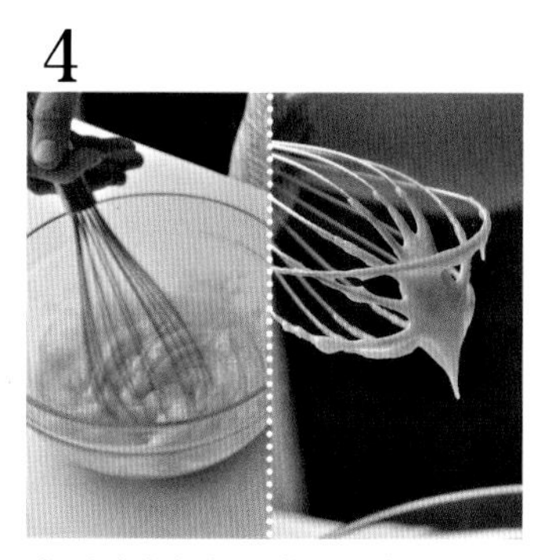

直到油全部加入酱汁并搅拌成浓稠状。

5

加入柠檬汁以及盐调味，制成美乃滋。

6

洋葱切末，用纱布包起来以清水洗除辛辣味后扭干；酸黄瓜切成小丁；两者放入大碗中。

7

加入黄芥末酱。

8

加入美乃滋、柠檬汁。

9

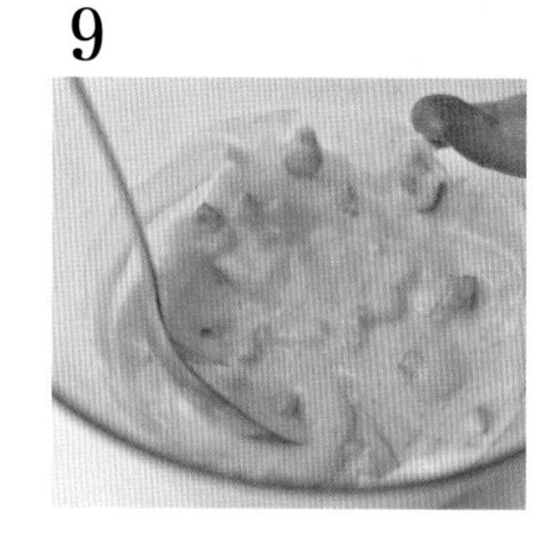

全部搅拌均匀即可。

HANDMADE SAUCE

香兰叶卡士达酱

顺滑的卡士达酱，清爽不甜腻，是西点不可或缺的配角，
添加具有南洋风味的香兰叶一起制作的抹酱，
不仅有独特的天然芳香味，颜色也漂亮。

材料

香兰叶............................5大片
水....................................100g
鸡蛋................................1颗
蛋黄................................2颗
玉米粉............................35g
细砂糖............................120g
椰浆................................400g

保存方式 冷藏

赏味期 2周

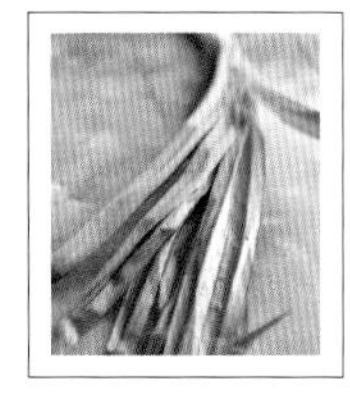

香兰叶又称斑兰叶，是东南亚常用的香料之一，具有特殊的芋头香味，也能染色。

制作步骤

1

香兰叶洗净、擦除水分，用剪刀剪成段放入料理机，再加水打碎。

2

用网筛过滤出汁液备用。

3

鸡蛋、蛋黄加入过筛玉米粉，用打蛋器搅拌均匀。❇ 若希望卡士达酱更稀，可减少玉米粉用量。

4

搅拌均匀后，加入细砂糖。

5

倒入椰浆。

6

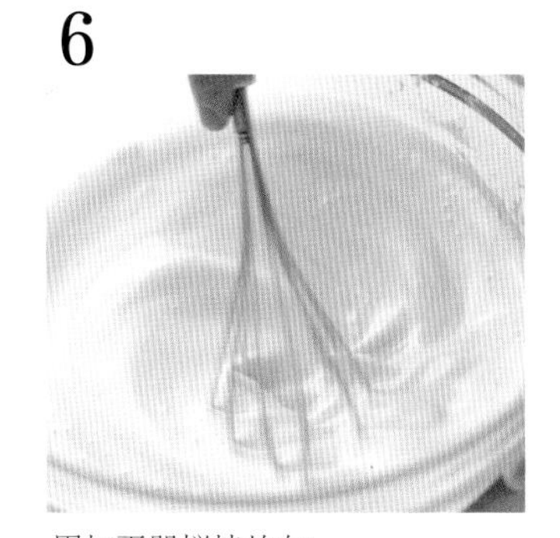

用打蛋器搅拌均匀。

7

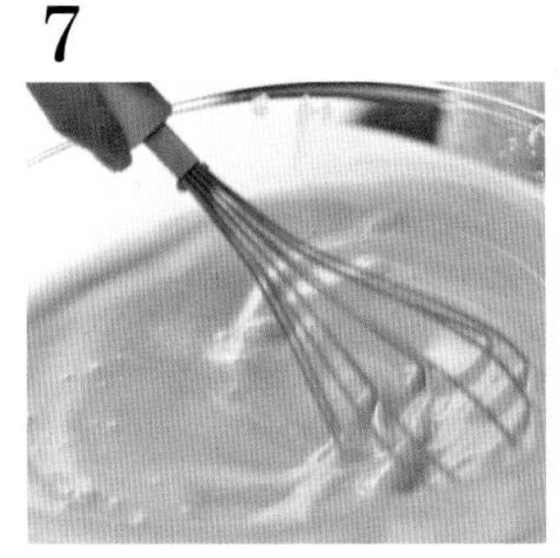

再加入香兰叶液，用打蛋器搅拌均匀。

8

搅拌均匀后，过筛倒入小锅中。

9

开火慢慢煮到卡士达酱收稠，即可离火。

美·味·提·案

菲力牛排佐香料胡椒黄油

牛肉熟度与其内部温度		
三分熟	Medium-Rare	52℃
五分熟	Medium	55℃
七分熟	Medium-Well	62℃
全熟	Well-Done	71℃以上

Recipe

份量 2人份

材料

A
- 菲力牛排……………200g/1人份
- 玉米笋&彩色萝卜……数只
- 香料胡椒黄油…………20g/1人份
- 盐之花…………………适量
- 橄榄油…………………适量

B
- 意式香料………………适量

制作步骤

1

平底锅稍微加热后倒入适量橄榄油。当油完全变热后放入牛排，大火煎至表面产生焦褐色。

2

将肉取出，移至烤盘上。玉米笋和彩色萝卜淋上少许橄榄油，撒上意式香料，一起摆在烤盘上。将整个烤盘放入已热烤箱，以上火190℃/下火190℃将牛排烘烤到想要的熟度。牛排烤完后，须从烤箱取出静置10分钟，而后撒上盐之花、摆上香料胡椒黄油即可。在烘烤中途，约10分钟时，先将玉米笋和彩色萝卜取出，放在温暖的地方保温，在牛排烤完静置时，再将蔬菜放回烤箱加热回温。牛排从烤箱取出后仍会加温，建议预留5℃的静置升温温度。

美·味·提·案

法式烤田螺

Recipe

份量 4人份

材料

罐头田螺肉....................20颗
月桂叶............................1片
无盐黄油........................50g
万用罗勒酱..................100g
盐.................................1小匙
胡椒粉...........................适量

吃焗烤田螺，大多数人都会觉得“带壳的”比较新鲜，但其实田螺的内脏要事先清理掉以去除脏物，所以螺肉和田螺壳是分开卖的。

制作步骤

1

水和月桂叶煮沸，将田螺放入煮5分钟左右去腥。

2

黄油放置室温软化，加入万用罗勒酱、盐和适量胡椒粉，用橡皮刮刀搅拌均匀。

3

田螺肉放入田螺壳或是烤盅中。

4

填入罗勒黄油酱，放入已热烤箱以上火180℃／下火180℃烤15分钟让抹酱熔化。❇ 可撒上些许芝士粉做成焗烤田螺。

美·味·提·案

酥皮洋葱汤

份量 4人份

材料

A
- 焦化洋葱抹酱..........200g
- 白酒..........................50ml
- 面粉..........................1大匙
- 鸡高汤.....................600ml
- 盐.............................适量
- 黑胡椒.....................适量

B
- 芝士碎.....................100g
- 蛋液.........................少许
- 市售黄油酥皮..........4片

制作步骤

1

锅中倒入少许油，将焦化洋葱抹酱炒热；倒入白酒，中火快炒让酒气挥发，持续地拌炒将白酒收干。

2

加入1大匙面粉炒成糊状。

3

倒入鸡高汤煮沸，用盐和黑胡椒调味。装入汤碗中，放入芝士碎。

4

汤碗边缘刷上适量蛋液，盖上黄油酥皮，在酥皮表面刷上蛋液，放入已热烤箱以上火220℃／下火220℃烘烤15~20分钟，让酥皮完全膨胀即可。

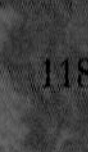

份量 3片

材料

A
- 高筋面粉……………125g
- 海盐………………2g
- 细砂糖……………5g
- 无铝泡打粉…………8g
- 牛奶………………85g
- 无水黄油（熔化）..15g

B
- 蜂蜜香菜牛油果抹酱…适量

· 无水黄油的做法：将无盐黄油切小块放入锅中用小火熔化，用汤匙捞出泡沫，放凉后就会出现上下两个分层，把上层黄色透明的澄清油（无水黄油）捞进容器中装盛。

制作步骤

1

面粉过筛，放入海盐、细砂糖、泡打粉拌匀，再将熔化的黄油、牛奶一起加入粉中。

2

拌匀所有材料，再揉成光滑状。包上保鲜膜，放置室温松弛20分钟。

3

分割成每块大约75g的面团，稍微滚圆后，用擀面棍擀平。

4

热锅后直接将面团放入锅中，不须加油，以小火干烙熟。食用时可搭配蜂蜜香菜牛油果抹酱，或其他如莎莎酱。

美·味·提·案

印度烤饼

美·味·提·案

吉事果

份量 4人份

材料

A
- 水……170g
- 无盐黄油……30g
- 细砂糖……10g
- 盐……1小撮
- 低筋面粉……150g
- 鸡蛋……50g
- 蛋黄……1个
- 油炸油……1罐
- 细砂糖……适量

B
肉桂糖
- 细砂糖……100g
- 肉桂粉……1大匙

制作步骤

1

将水、黄油、砂糖和盐放入有把手的小锅中，开火加热。

2

水煮沸后，立刻倒入过筛好的低筋面粉。

3

用橡皮刮刀迅速搅成一个面团。

4

面团用小火慢慢煮，煮至没有粉粒状，即可离火。

5

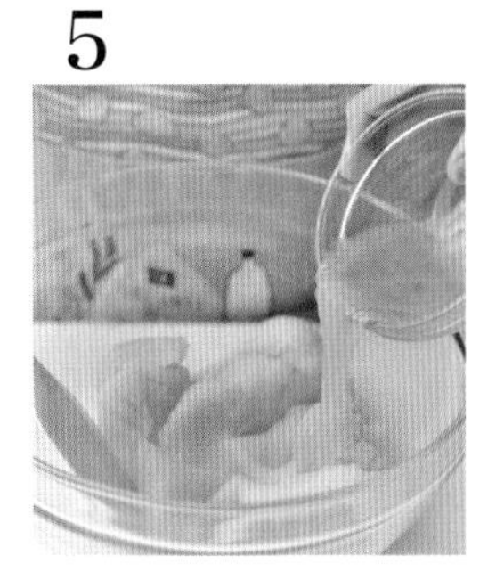

稍微放凉后加入鸡蛋和蛋黄，用耐热的橡皮刮刀搅拌均匀。❇ 一定要待面团稍凉后再加入蛋，避免温度过高变蛋花。

6

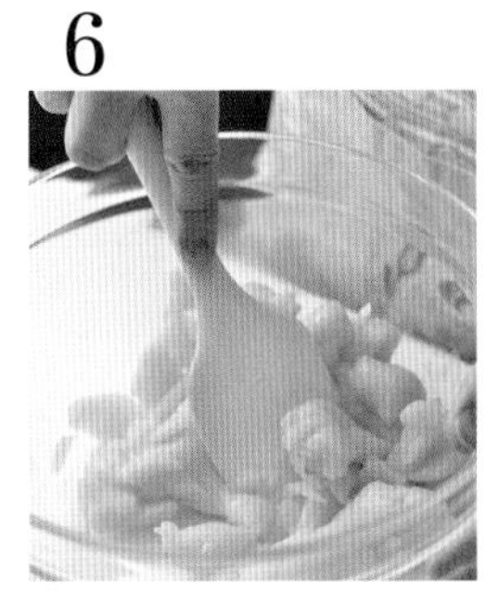

蛋液和面团混合好。

7

装入有星星花嘴的裱花袋中。❇ 此处使用SN7104型号10齿花嘴。

8

油锅加热至170℃，挤入面团。

9

用刀截断挤出的面团，每段大约8~10cm，炸2~3分钟。反复翻转炸至面团胀大且金黄香酥时，开大火逼油后起锅沥油。

10

吉事果炸熟后，沥干油，即可沾上肉桂糖或各式甜抹酱。

小贴士

· 由于要保留挤花的造型，所以此面团会较为干硬。建议装在可重复使用的裱花袋中，而且一次装的量不要太多。不然在挤的时候很容易使裱花袋爆开损坏。

美·味·提·案

三文鱼乳酪贝果

份量 5个

材料

A

原味贝果

- 高筋面粉……250g
- 海盐……4g
- 细砂糖……5g
- 酵母粉……3g
- 水……160g

B

烫面液

- 水……1锅
- 细砂糖 ……3大匙

C

- 柠檬虾夷葱乳酪抹酱..适量
- 烟熏三文鱼……数片

制作步骤

1

将面粉放入盆中，放入海盐。

2

将细砂糖、酵母粉和水混合均匀，倒入面粉中。

3

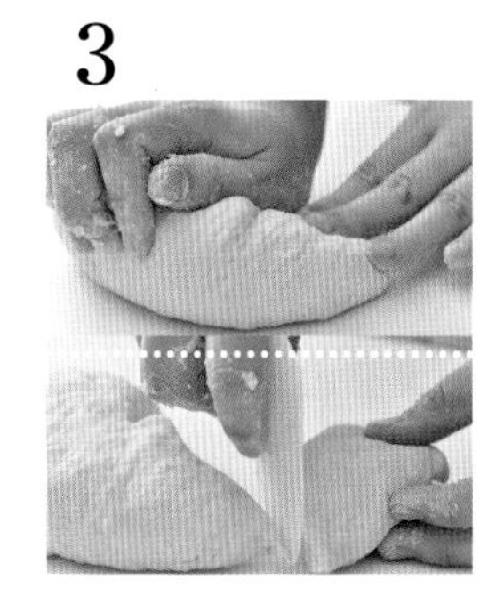

用手揉成光滑状面团，分割成5个，每个大约80g。

4

滚圆后发酵30分钟。❇ 要盖布或保鲜膜来保湿。

5

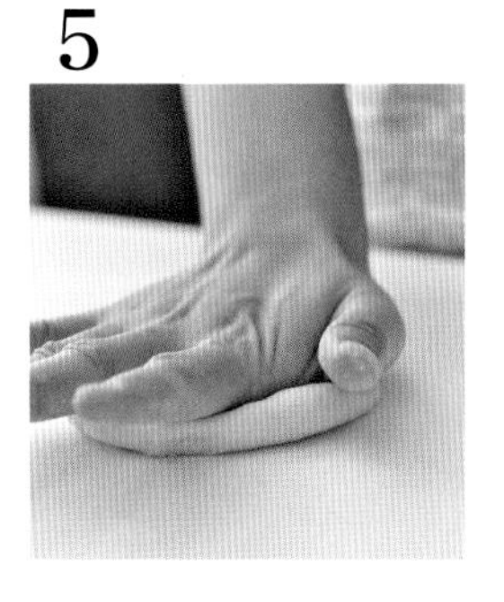

第一次发酵完成后，拍平同时排除面团里多余的空气。

6

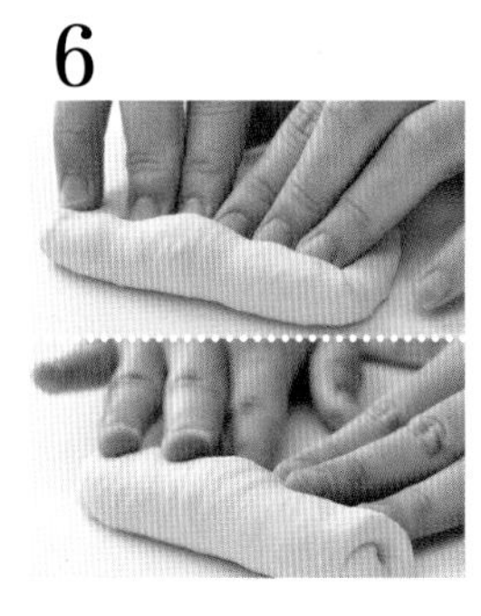

将面团卷起，再搓成长条。

7

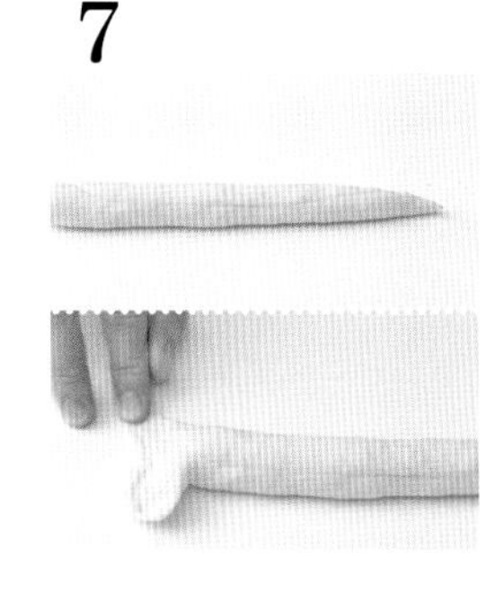

将一端搓成尖状，另一端展开成三角形。

8

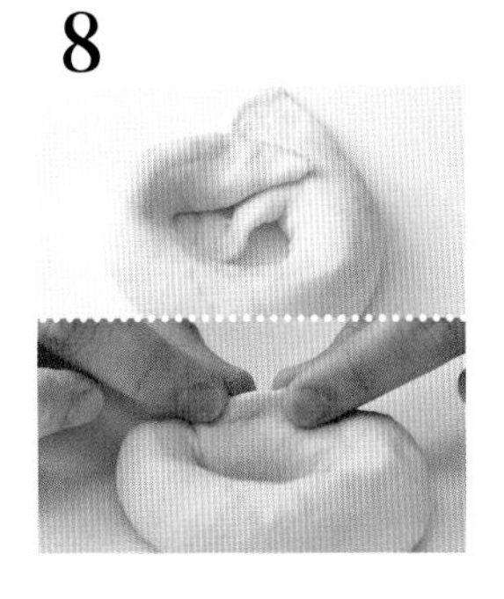

将【步骤7】头尾两端接合起来，捏紧接缝处。

9

将面团接缝处朝下，放在裁切好的烘焙纸上进行最终发酵45~60分钟。

10

拿起贝果连同烘焙纸一起放入烫面液中每面烫15秒，再去除烘焙纸。❇ 贝果稍微烫过即可取出，烫越久面皮越厚，且容易发皱。

11

将烫好的贝果放在烤盘上，放入已热烤箱以上火220℃/下火220℃烘烤15~20分钟。烤后对半切开，抹上乳酪抹酱，放上烟熏三文鱼片。

美·味·提·案

班尼迪克蛋

份量 2人份

材料

A
- 鸡蛋……………………2颗
- 白醋……………………3大匙
- 火腿……………………数片
- 芝士片…………………2片
- 各式面包………………4片

B
- 荷兰酱…………………2大匙

制作步骤

1

准备一锅水烧开，加入白醋。水烧开后转小火，用汤匙或筷子在水中画圈制造旋涡水流。

2

缓慢地将鸡蛋倒入中央。

3

水流会将蛋白慢慢包起，煮2~3分钟。

4

用汤勺捞起鸡蛋放至冷水中降温，再捞起沥干，用纸巾吸除多余水分。面包与火腿放入烤箱烤热后，与水波蛋、芝士片组合，再淋上荷兰酱。

份量 3人份

材料

A
- 全麦面粉……200g
- 无铝泡打粉……5g
- 燕麦片……30g
- 鸡蛋……1颗
- 牛奶……250g
- 无盐黄油……30g

B
- 红椒茄子抹酱……适量
- 欧芹末……适量

制作步骤

1

全麦面粉、泡打粉过筛后和燕麦片混合。

2

将鸡蛋加入面粉中，用打蛋器搅拌均匀。分次加入牛奶，每次都仔细地搅拌，以免面粉结块。❇ 由于市售全麦面粉吸水性不同，如果面团太干，可再加入牛奶调整浓稠度。

3

加入熔化的黄油拌匀。

4

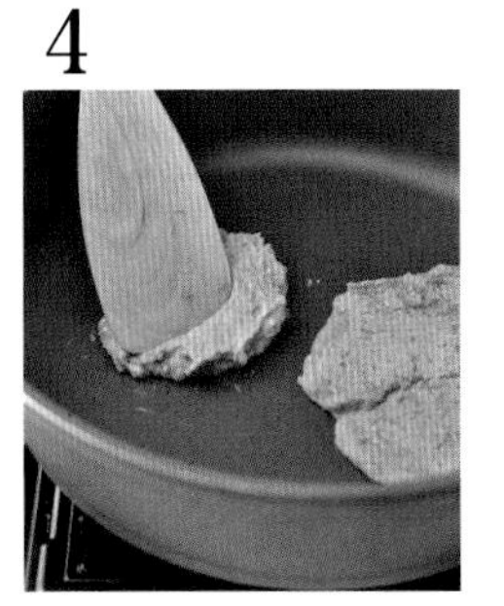

平底锅擦上适量油。倒入面糊，用沾水的锅铲稍微整成圆形，当面饼边缘开始变硬时，用铲子翻面压平，继续煎熟。食用时可搭配抹酱、香料。

美·味·提·案

全麦煎饼

美·味·提·案

柠檬熔岩蛋糕

份量 115ml 小蛋糕模 × 6 个

材料

柠檬蛋糕

A
- 无盐黄油……………100g
- 细砂糖…………………60g
- 鸡蛋……………………100g
- 牛奶……………………30g
- 中筋面粉……………100g

B
- 柠檬蛋奶酱…………200g

制作步骤

1

蛋糕模刷上黄油，再撒上高筋面粉，然后倒出多余的面粉，备用。

2

黄油放置室温软化，加入细砂糖用打蛋器打发。

3

分次加入鸡蛋打发。❇ 蛋要分次加，一次加太多很容易油水分离。

4

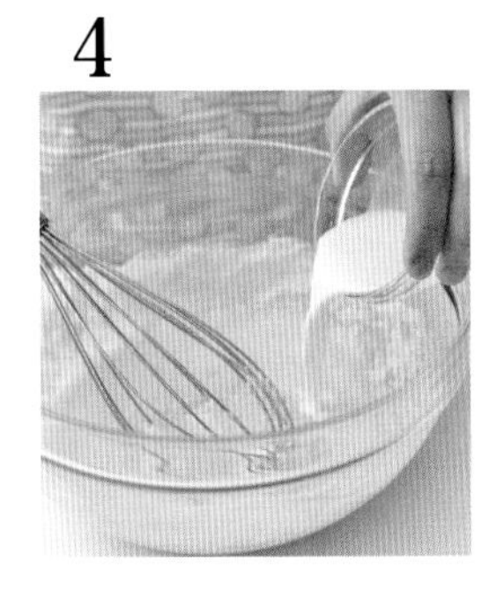

再加入牛奶拌匀。

5

搅拌成顺滑的面糊，加入过筛后的中筋面粉。

6

用橡皮刮刀拌匀。

7

舀出约60g的蛋糕糊至蛋糕模。

8

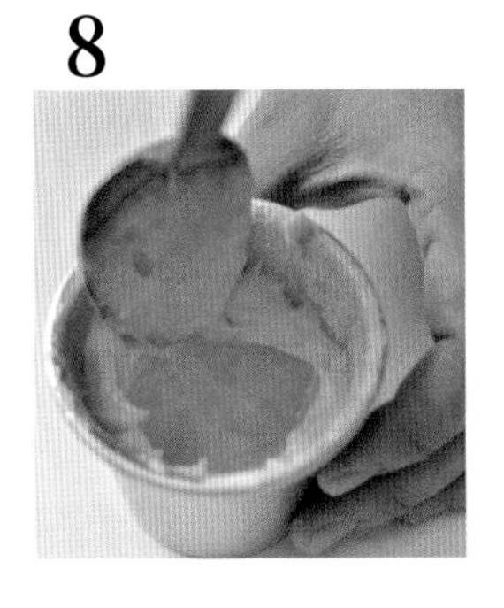

中间压出凹槽。

9

将冷却好的蛋奶酱挤30~40g在蛋糕糊中。❇ 若是希望能有均匀的熔岩效果，尽量抹出一个平均厚度的蛋糕糊，让柠檬蛋奶酱能完整分布在中心。

10

再盖上蛋糕糊至八分满。

11

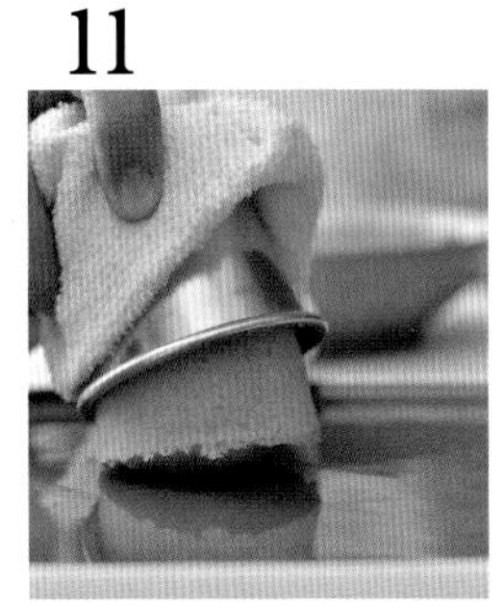

放入已热烤箱以上火180℃／下火180℃烘烤15~20分钟即完成，出炉后趁热脱模上桌。

美·味·提·案

伯爵奶茶戚风蛋糕

材料

- 蛋白……120g
- 细砂糖A……55g
- 玉米粉……6g
- 蛋黄……50g
- 温水……40g
- 植物油……40g
- 低筋面粉……60g
- 细砂糖B……15g

制作步骤

1

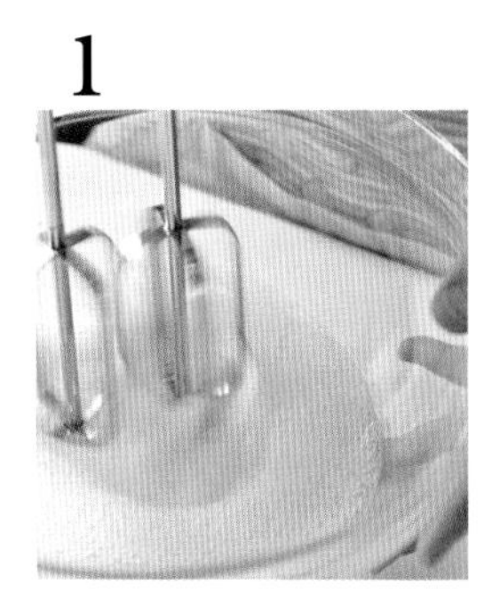

将蛋白先用电动打蛋器以中速打散。

2

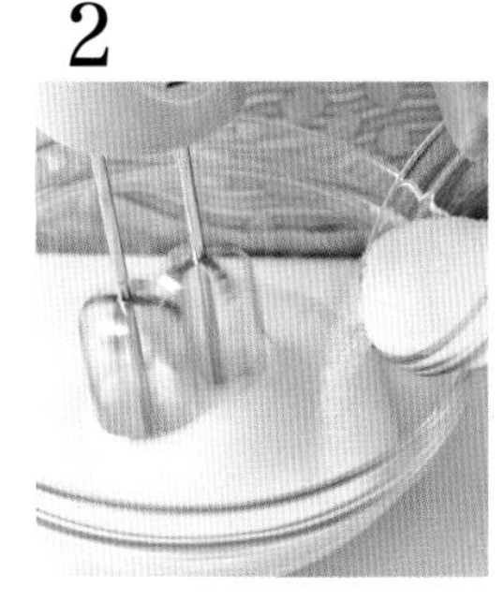

稍微打发后，从细砂糖A中舀1大匙加入。❇ 保持钢盆的干净，不可混进油脂或蛋黄，影响蛋白打发。

3

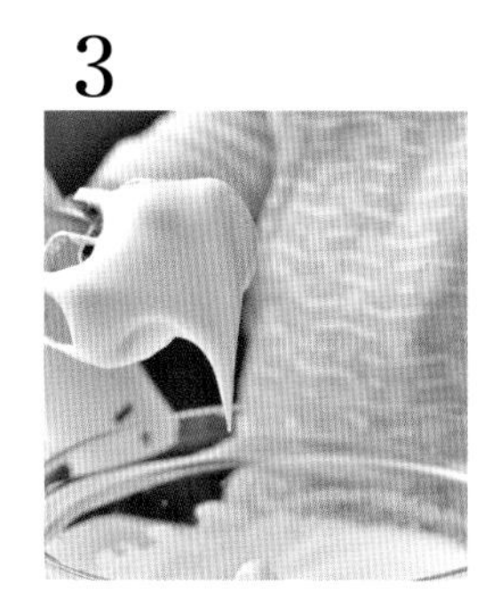

持续搅打蛋白，当蛋白霜的大泡沫开始消失时，即可加入第二匙砂糖。当蛋白霜泡沫完全变细，但仍为淡黄色时，再加入1匙砂糖。每次都加入1匙砂糖，重复此步骤3~5次。

4

当砂糖A剩余的重量和玉米粉重量相同时，将二者混合。

5

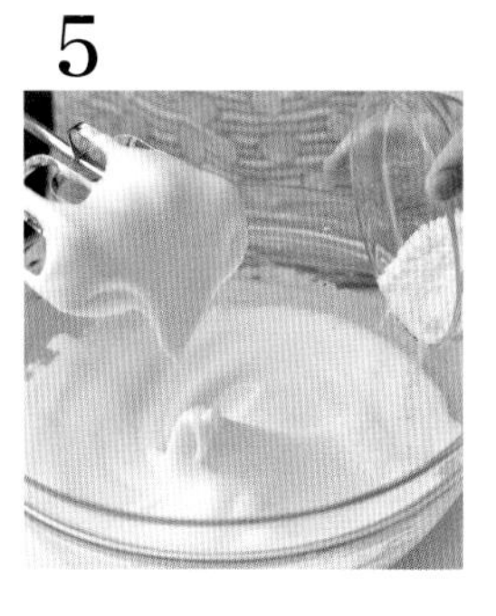

将混合好的砂糖和玉米粉加入蛋白霜中拌匀。

6

改用低速将最后的砂糖拌匀。❇ 用打蛋器捞起蛋白糊（打蛋器向上）蛋白糊呈光滑尖塔状，尖端呈小弯钩状。

7

另一个容器中加入蛋黄、温水、植物油，用打蛋器充分搅拌乳化。

8

再加入过筛好的面粉。

9

用打蛋器搅拌均匀。

10

面糊产生黏性后，再加入过筛好的细砂糖B搅拌。

11

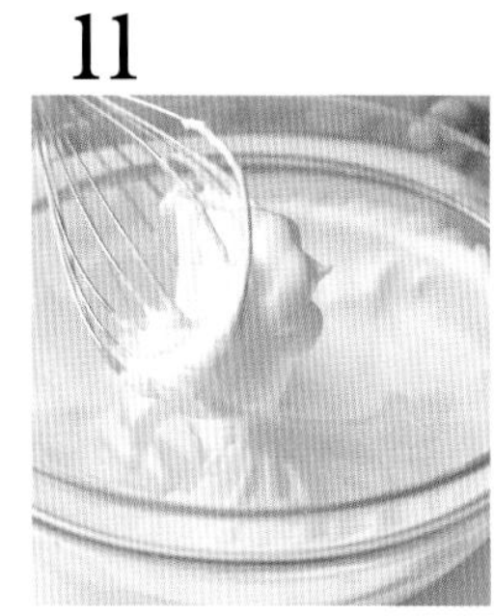

使用同一支打蛋器将静置一阵子的蛋白霜轻柔地搅拌回顺滑的小气泡状态。

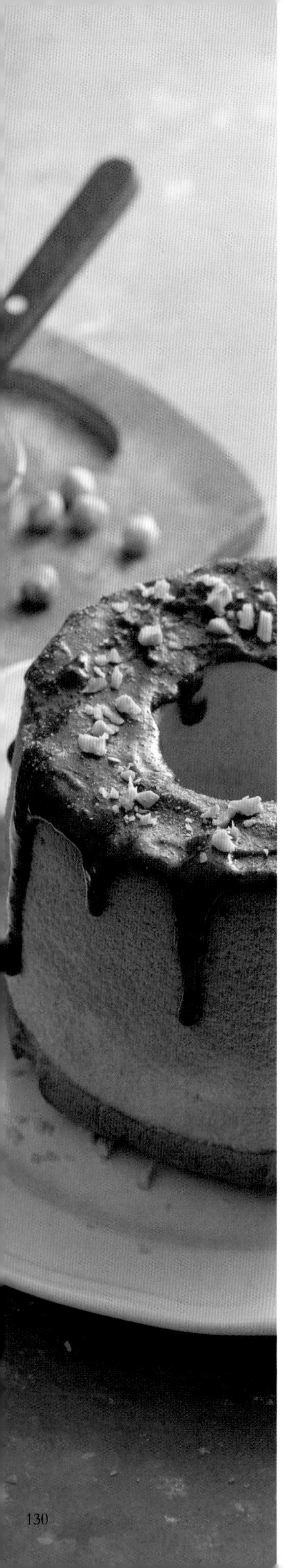

12

取和蛋黄面糊等量的蛋白霜放入蛋黄面糊。

13

再用橡皮刮刀轻柔地翻拌均匀。

14

当蛋白霜和蛋黄糊完全搅拌均匀后，全部倒入剩余的蛋白霜中。

15

橡皮刮刀由下往上轻轻地将两种面糊混合（从面糊中间切下去，经过底部，再捞起，要轻、要快，切记要将底部的面糊捞起混合）。

16

完成后倒入模型中。

17

稍微摇晃、轻震模型让面糊平整，放入已热烤箱以上火180℃／下火180℃烤30分钟左右。❇放入烤箱前震一下，可排除面糊内的大气泡，让烤焙出来的蛋糕组织较绵细。

18

出炉后倒扣放凉，完全放凉松弛后再取出蛋糕。伯爵奶茶抹酱加入少量热水调成较稀的淋酱，再淋至放凉的戚风蛋糕上。可放上适量烤过的坚果做出不同变化。

小贴士

- 戚风蛋糕柔软好吃的窍门中，细致稳定的蛋白霜是最重要的，千万不要打至硬发，因为硬发的蛋白霜较硬，容易结块也较难和面糊混合均匀。
- 蛋白霜在快完成前，可将打蛋器的转速降低，让蛋白霜能产生更细致的气泡。

份量 4人份

材料

A	鱿鱼……1尾		B	低或中筋面粉..100g
	鱼肉块……1大块			鸡蛋……1颗
	鲜虾……10只			面包粉……150g
	白酒……适量			帕玛森芝士粉..20g
	盐……1小撮			
	黑胡椒……适量		C	塔塔酱……1碗

事先准备

· 海鲜清洗干净，切成适当大小。鱿鱼去头、尾与内脏后洗净，切成约1.5cm的小圈。鲜虾洗净后去须、壳和尖刺，再去泥肠备用。鱼肉在切块时，以切至5~6cm宽为最理想。

制作步骤

1

海鲜用白酒、盐、黑胡椒腌制10分钟。

2

海鲜料沾上面粉。❇先沾上面粉、裹上面包糠，这样炸时酥皮才不会脱落，鱿鱼可沾粉也可不沾。

3

再沾上鸡蛋液、面包糠。❇面包糠可先和帕玛森芝士粉混合，也可加入适量香料提升风味。

4

以中温油炸5分钟至表面呈金黄色即可捞起，沥干油脂，搭配塔塔酱食用。

美·味·提·案

酥炸海鲜拼盘

美·味·提·案

酸奶油酥饼

份量 约20片

材料

A
- 无盐黄油……………100g
- 酸奶油………………100g
- 细砂糖………………30g
- 鸡蛋…………………15g
- 低筋面粉……………200g
- 无铝泡打粉…………5g
- 盐……………………1小撮

B
- 太妃糖核桃抹酱……适量（也可用其他酱）

制作步骤

1

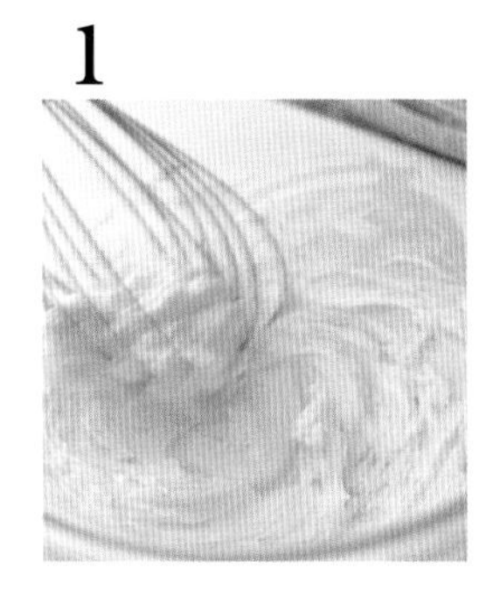

无盐黄油切丁，放置室温软化，用打蛋器搅拌成糊状。

2

加入酸奶油拌匀。

3

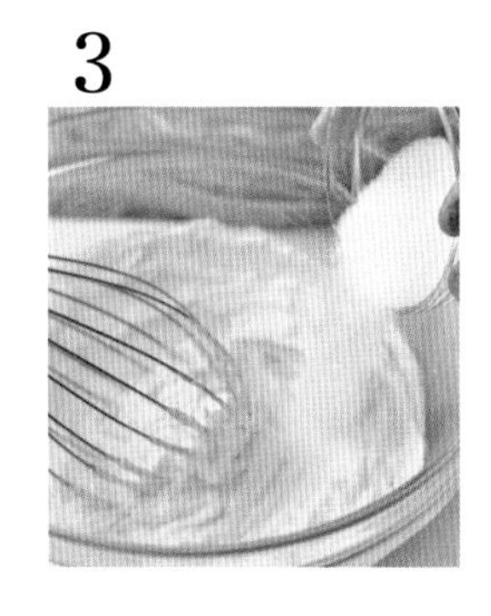

再加入细砂糖搅拌至无颗粒、光滑的奶油霜。

4

倒入鸡蛋，大致搅拌。

5

将过筛好的粉类和盐全部加入。

6

用橡皮刮刀混合均匀。

7

混合到完全无粉块状。❇拌匀就好，不要过度搅拌，不然酥饼吃起来会太硬。

8

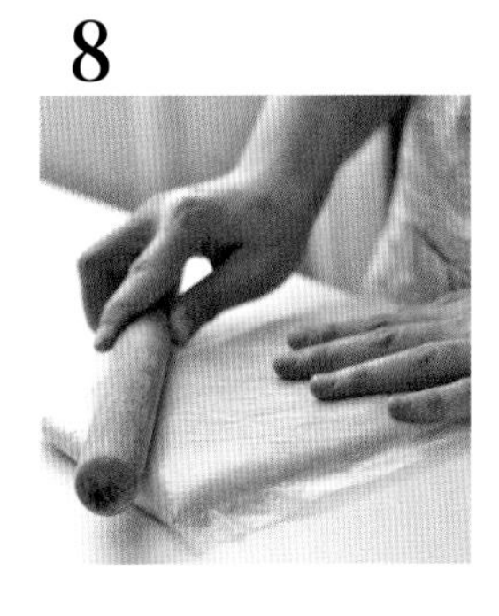

将面团放入塑料袋中，擀成厚度约1cm的片状。放入冰箱冷藏变硬。

9

剪开塑料袋，撒上适量面粉防沾黏。

10

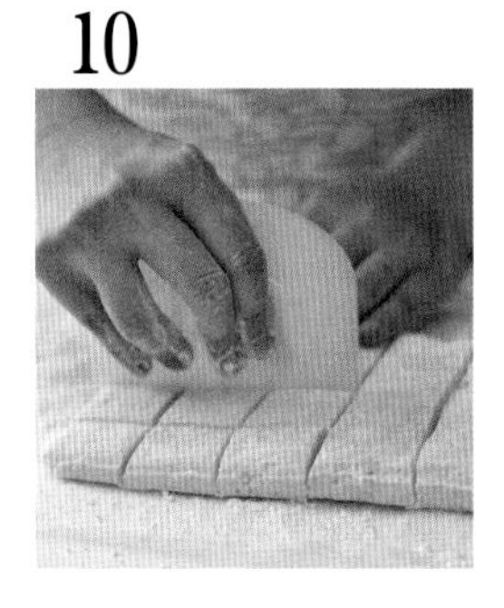

用刀或模型切割成想要的形状。❇可以做成圆形、心形、方形，各式各样随个人喜好。

11

放在铺好烘焙纸的烤盘上，放入已热烤箱以上火180℃／下火180℃烘烤约15分钟至淡金黄色即可。❇酥饼软化速度很快，所以移到烘焙纸上时动作要快。

美·味·提·案

南洋香兰小餐包

Recipe

材料

A
- 高筋面粉……………120g
- 低筋面粉……………80g
- 细砂糖…………………20g
- 无盐黄油……………35g
- 盐…………………………3g
- 鸡蛋……………………50g
- 牛奶……………………80g
- 干酵母…………………5g

B
- 香兰叶卡士达酱……约150g
- 蛋液……………………适量

制作步骤

1

将面粉放入盆中，在一侧放入细砂糖。

2

在另一侧放入无盐黄油。

3

再放入盐。

4

鸡蛋放置室温下，和温牛奶混合（牛奶温度不超过35℃）。✻ 夏天可使用冰的牛奶，减缓发酵速度。

5

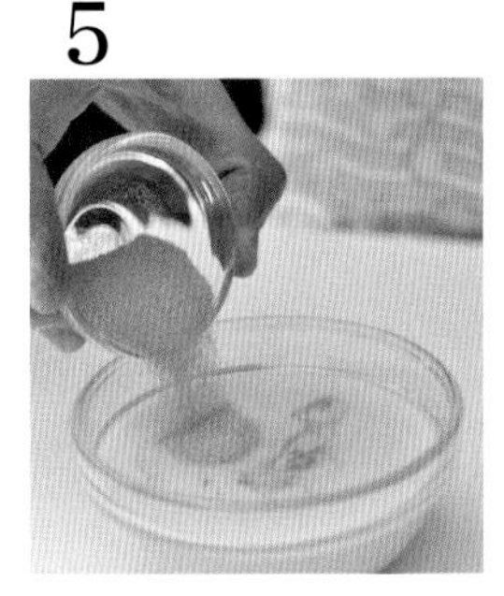

再加入酵母粉。

6

搅拌均匀。

7

将液体倒入【步骤3】面粉中。

8

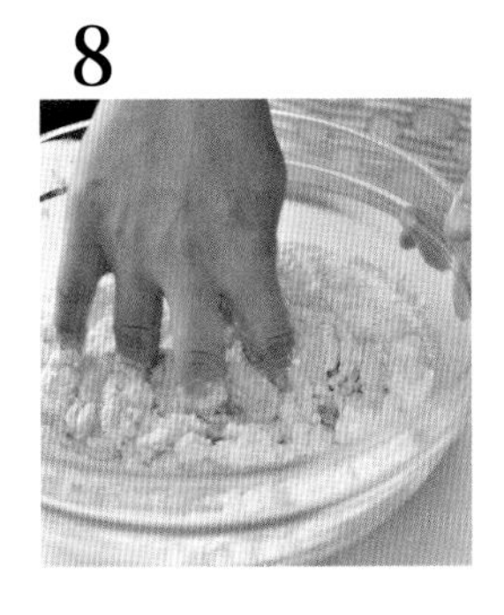

先用手指搅拌，让面团成团。

9

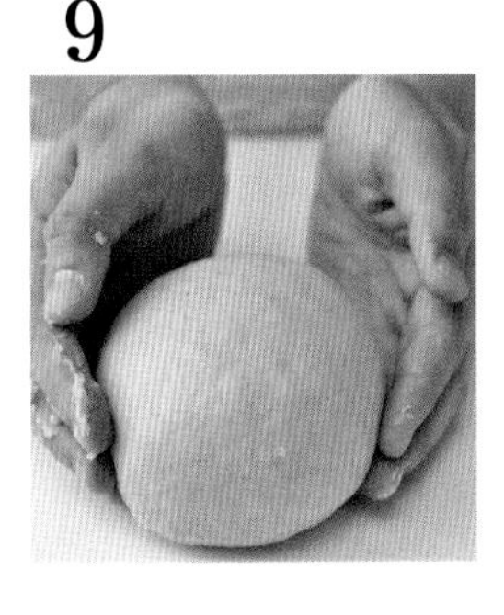

在盆中揉成面团后，再移至工作台继续揉成光滑不粘手的面团。

10

将面团滚圆，放回盆中，盖上保鲜膜移至温暖的地方发酵45~60分钟。

11

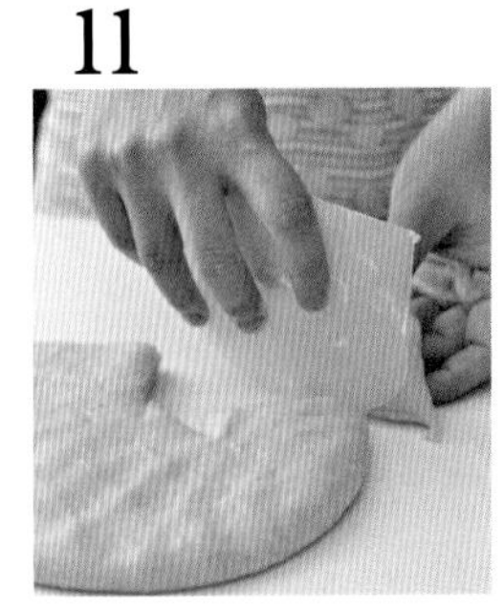

发酵至两倍大以后，取出面团拍出多余的空气，再切割成8份（每份大约45g）。

12

滚圆，再松弛5~10分钟。

13

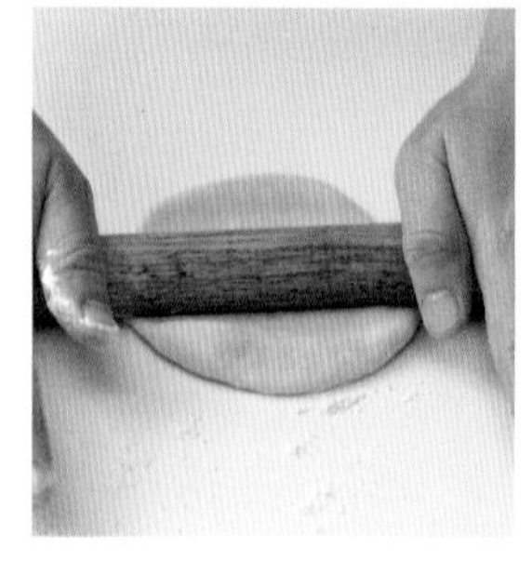

松弛好以后，稍微擀开面团。

14

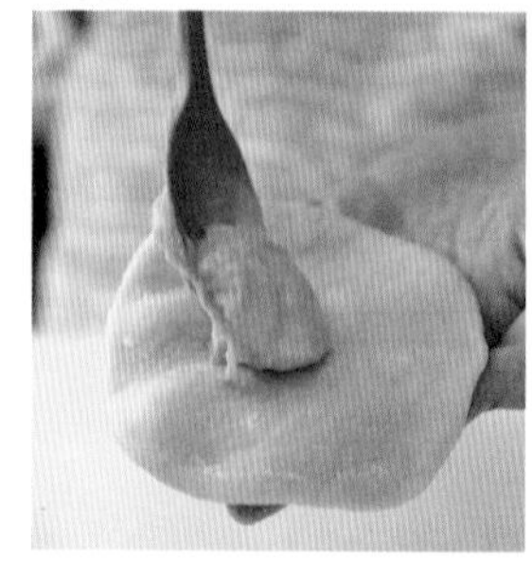

在中心放上香兰叶卡士达酱。

15

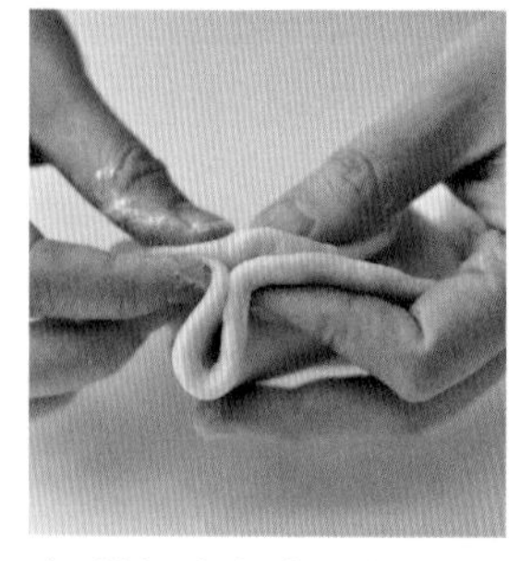

先对折，捏住中心点，再慢慢收起旁边的面团边。

16

慢慢往中心聚拢。

17

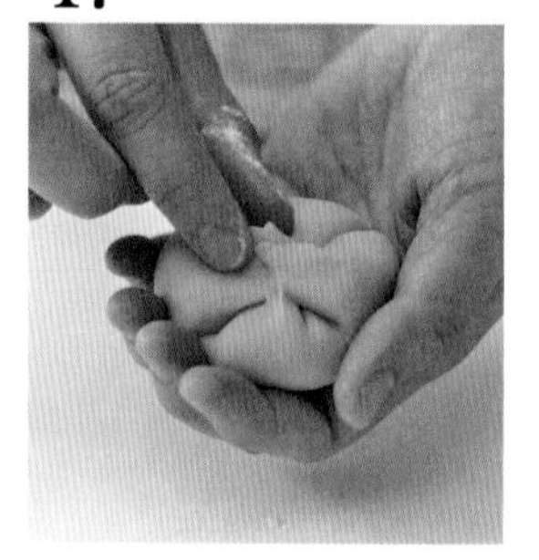

收口包紧后，放在铺有烤纸的烤盘上，进行二次发酵。

18

大约发酵30分钟后，表面刷上些许蛋液，放入已热烤箱以上火200℃/下火200℃烤10~12分钟。

小贴士

· 香兰小餐包若没包紧很容易爆开，包馅时不要贪心包太多。可以在吃的时候再另外搭配香兰叶抹酱。

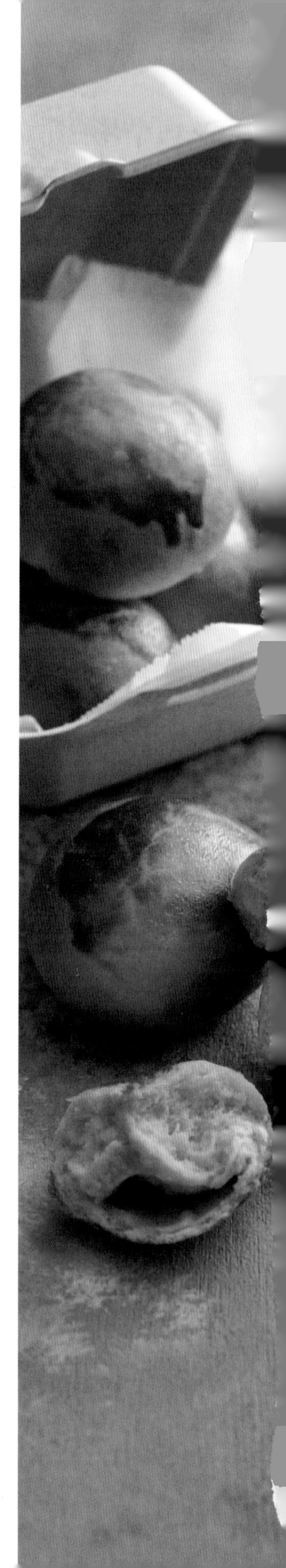